安徽省高校哲学社会科学重点项目（项目编号：2023AH050154）；
安徽建筑大学—华建集团上海建筑设计研究院有限公司实践教育基地项目（项目编号：2022xqhz02）；
安徽建筑大学大学生职业生涯规划与就业指导项目（项目编号：AJDJYZD-202305）

建筑类高校大学生
创新创业能力培养研究

张 为 宁 宁 著

中国建设科技出版社有限责任公司
China Construction Science and Technology Press Co., Ltd.

北 京

图书在版编目（CIP）数据

建筑类高校大学生创新创业能力培养研究 / 张为，宁宁著. --北京：中国建设科技出版社有限责任公司，2025.8. -- ISBN 978-7-5160-4442-1

Ⅰ. TU

中国国家版本馆 CIP 数据核字第 20259885RY 号

建筑类高校大学生创新创业能力培养研究
JIANZHULEI GAOXIAO DAXUESHENG CHUANGXIN CHUANGYE NENGLI PEIYANG YANJIU
张 为 宁 宁 著

出版发行：	中国建设科技出版社有限责任公司
地　　址：	北京市西城区白纸坊东街 2 号院 6 号楼
邮　　编：	100054
经　　销：	全国各地新华书店
印　　刷：	北京雁林吉兆印刷有限公司
开　　本：	710mm×1000mm　1/16
印　　张：	9.75
字　　数：	200 千字
版　　次：	2025 年 8 月第 1 版
印　　次：	2025 年 8 月第 1 次
定　　价：	79.00 元

本社网址：www.jskjcbs.com，微信公众号：zgjskjcbs
请选用正版图书，采购、销售盗版图书属违法行为
版权专有，盗版必究。本社法律顾问：北京天驰君泰律师事务所，张杰律师
举报信箱：zhangjie@tiantailaw.com　举报电话：（010）63567684
本书如有印装质量问题，由我社事业发展中心负责调换，联系电话：（010）63567692

前　言

  高校肩负着培养高素质创新创业人才的重要职责，而创新创业能力培养已成为培养创新创业人才和服务社会的重要内容，建筑类高校是高等教育的重要组成部分，在促进创新创业教育改革和发展中承担着重要使命。建筑类高校作为行业特色高校天然地拥有建筑行业背景，具有办学特色鲜明、专业独立性强、学科较为集中、行业水平较高的基本特点。然而建筑类高校创新创业能力培养是一项较为复杂的工程，如何立足学科优势，依托行业特色，在教育理念、课程体系、教育方式、师资队伍、协同体系、评价机制等方面，推动具有显著建筑行业特色的创新创业能力培养路径的构建迫在眉睫。当前国家大力推进乡村振兴和新型城镇化建设，这为建筑类高校大学生的创新创业能力培养带来了新机遇，同时也对建筑类高校创新创业能力培养提出了新要求。

  20世纪以来，伴随着高校的扩招，高校毕业生的人数在快速增长，就业形势越加严峻，就业渠道逐渐多元，创新创业能力培养也成了各大高校人才培养计划的重要组成部分，创新创业能力对于个人的成长、综合能力的提高是不可或缺的。本书通过梳理发达国家高等院校创新创业能力培养发展历程，归纳其典型特征，借鉴和吸收发达国家大学生创业创新能力培养经验，针对建筑类高校大学生创业创新能力培养缺失的原因，结合我国实际，构建我国建筑类高校大学生创新创业能力培养路径。

  《关于深化高等学校创新创业能力培养教育改革的实施意见》的颁布为建筑类高校大学生创新创业能力培养指明了方向。大学生是社会创新创业发展的主动力，必须注重创新创业综合素质的提升，实现自身的全面发展。为建设创新型国家，实现百年奋斗目标和中华民族伟大复兴的中国梦提供强大的人才支撑。

著　者

2025年2月

目　录

第一章　绪论 ……………………………………………………………………… 1
第一节　研究背景和意义 ………………………………………………………… 1
第二节　国内外研究现状 ………………………………………………………… 4
第三节　研究方法 ………………………………………………………………… 9

第二章　建筑类高校大学生创新创业能力培养的相关概念和理论基础 ……… 12
第一节　相关概念 ………………………………………………………………… 12
第二节　理论基础 ………………………………………………………………… 17

第三章　建筑类最具代表性的高校 …………………………………………… 23
第一节　中国建筑老八校 ………………………………………………………… 23
第二节　中国建筑新八校 ………………………………………………………… 30
第三节　中国建筑类十二所著名普通本科高校 ………………………………… 35

第四章　建筑类高校大学生创业新机遇与创新创业能力培养新要求 ……… 45
第一节　建筑类高校学生创新创业能力培养新机遇 …………………………… 45
第二节　建筑类高校大学生创新创业能力培养的必要性 ……………………… 47
第三节　建筑类高校创新创业能力培养新要求 ………………………………… 50

第五章　建筑类高校大学生创新创业能力培养现状调查及问题分析 ……… 52
第一节　本课题研究的建筑类高校范围 ………………………………………… 52
第二节　调研情况 ………………………………………………………………… 53
第三节　建筑类高校大学生创新创业能力培养问题分析 ……………………… 62

第六章　建筑类高校大学生创新创业能力培养存在问题的原因分析 ……… 66
第一节　建筑类高校大学生创新创业能力培养的理念偏颇 …………………… 66
第二节　建筑类高校大学生创新创业能力培养的环境缺乏支持 ……………… 67
第三节　建筑类高校大学生创新创业能力培养的体系不健全 ………………… 71

第七章　发达国家高等院校创新创业能力培养经验启示 …… 82

第一节　美国高校创新创业能力培养发展历程及典型特征 …… 82
第二节　英国高校创新创业能力培养发展历程及典型特征 …… 84
第三节　法国高校创新创业能力培养发展历程及典型特征 …… 85
第四节　日本高校创新创业能力培养发展历程及典型特征 …… 86
第五节　发达国家著名大学创新创业能力培养经验 …… 87
第六节　发达国家高校创新创业能力培养启示 …… 96

第八章　建筑类高校大学生创新创业能力培养路径构建 …… 100

第一节　建筑类高校大学生创新创业能力培养应以人的
　　　　现代化理论为指导 …… 100
第二节　更新建筑类高校大学生创新创业能力培养理念 …… 103
第三节　构建特色鲜明的建筑类高校大学生创新创业
　　　　能力培养课程体系 …… 105
第四节　改革建筑类高校大学生创新创业能力培养
　　　　教学方法并强化科研支撑 …… 108
第五节　完善建筑类高校大学生创新创业能力培养师资队伍建设 …… 111
第六节　构建建筑类高校特色化创新创业能力培养的联动机制 …… 114

参考文献 …… 119

附录一： 教育部办公厅关于印发《普通本科学校创业教育教学
　　　　基本要求（试行）》的通知 …… 124

附录二： 国务院办公厅关于深化高等学校创新创业
　　　　教育改革的实施意见 …… 137

附录三： 教育部办公厅《关于公布国家级创新创业学院、国家级创新创业
　　　　教育实践基地建设名单的通知》 …… 142

后记 …… 149

第一章 绪 论

第一节 研究背景和意义

一、研究背景

1999年1月13日,国务院批准转发了教育部提出的《面向21世纪教育振兴行动计划》,正式拉开了高校扩招的序幕。根据教育部数据的统计,2001—2023年,我国高校毕业生的人数迅速增长,从114万增加至1158万,2024年更是高达1179万人,2025年,我国的高校毕业生总规模将达到1222万人,毕业生的就业需求日益增长。受经济下行压力等多方面因素的影响,有限的岗位不能满足大量毕业生的就业需求,我国高校毕业生就业难已经成为这个时代重要的问题之一。高校毕业生的就业压力与日俱增,许多学生在毕业后处于未就业或就业专业不合适等状态。2015年5月,国务院办公厅在《关于深化高等学校创新创业能力培养教育改革的实施意见》中指出:"深化高等学校创新创业能力培养教育改革,是国家实施创新驱动发展战略、促进经济提质增效升级的迫切需要,是推进高等教育综合改革、促进高校毕业生更高质量创业就业的重要举措。"主要任务和措施都明确提出要健全创新创业能力培养教育课程体系,促进创新创业能力培养教育与专业教育的有机融合。

21世纪是信息和知识的新经济时代,建设创新型国家是各国科技实力的保证,而创新型国家最首要的任务是培养创新创业型人才。在建设创新型国家、推进乡村振兴战略和新型城镇化建设的背景下,如何发挥学科优势,构建特色鲜明的建筑类高校创新创业能力培养教育发展路径成为各建筑类高校要面对的新课题。建筑类高校大学生相比于其他类型学校的大学生来说,有其独特的地方,比如他们有更明确的职业定位,许多学生倾向于从事工程建设与管理、房地产开发、建筑设计与管理、古建筑保护与传承、城乡规划、风景园林、桥梁、隧道、土木工程等工作,因此应更着重培养他们的创新创业意识以及敬业、实践、创新与合作能力,以期他们在未来有更高的综合能力和更强的适应能力。建筑类高校在探索大学生创新创业能力的实践育人模式中要结合专业特色,基于此背景,本书从建筑类高校创新创业能力培养教育开展的情况和学生创新创业能力培养的现状出发,进行深入的研究,分析能力培养取得的成效和面临的困境,提出建筑类大学生创新创业能力培养的有效路径，以期为我国建筑类高校创新创业能力培养教育的发展提供有价值的理论支撑和实践指导，促进创新型国家的建设，推进乡村振兴和新型城镇化的发展，缓解学生的就业压力。

创新创业能力培养是随着高新技术的产生、发展和应用而出现的一种适应知识经济时代发展的教育培养模式，以培养适合新时代发展的具有创新创业意识、思维、人格和能力的高素质人才为目标，通过学校、政府、企业和社会等多渠道指导和帮助大学生树立创新意识，形成创新思维，激发创业精神，掌握创业知识，提高创新创业能力。创新是创业的基础，创业是创新的载体，二者密不可分，创新创业能力培养教育是信息化和全球化背景下适应时代发展的必然要求和有效途径。创新创业能力培养最初起源于美国，美国政府开设覆盖初中、高中、大学以及研究生的创新创业能力培养教育课程，建立创业研究中心，并出台相关的优惠政策，大力发展创新创业能力培养教育。与国际创新创业能力培养水平相比，我国的实践和积累还不够，仍处于起步和试点阶段，特别是对建筑类高校大学生创新创业能力培养的规模、教学模式、课程设计等缺乏深度认识，在研究队伍、平台、内容和方法等方面也呈现诸多问题，尚未形成完善的、系统的创新创业能力培养模式。

二、研究意义

创新创业能力培养是以培养大学生的创新能力、创新意识和创业技能为基本内容，重实践，讲究创新，力求培养出高素质创新型人才的教育体系。创新创业能力培养的科学设计与有效实施是高校深化教育体制改革的需要，并已成为现代教育改革的新趋势，对于促进建筑类高校提升人才培养质量，提高其国内和国际地位，实现高水平创新型建筑类高校的建设目标具有理论指导和实践意义。

（一）理论意义

1. 创新创业研究丰富了高等教育领域中对人才培养管理的理论研究

国内外众多学者对于人才培养尤其是高等教育的相关研究大多集中于基础教学等问题，而对创新创业要素的研究则相对薄弱。本书以建筑类高校为对象，以创新创业能力培养的视角作为切入点研究其人才教育体系，从培养理念、运行范式和操作原则等方面进行全新的拓展，一定程度上弥补了当前研究的空白，对我国高等院校人才培养管理理论的丰富与完善具有十分重要的理论价值和创新意义。

2. 创新创业研究拓展了创新教育与创业教育的理论领域

本书通过分析创新教育与创业教育之间的关系，对建筑类高校大学生的创新与创业教育进行探讨，构建了创新创业能力培养教育体系，进一步拓展和延伸了建筑类高校教育的理论领域，通过鼓励创新和原创，提升知识生产的质量和价值，对其他高等院校的教育体系理论研究也有着很好的指导作用，这一新的方向将引导人们拓展对高校人才管理的思考和研究的新视野。

笔者综合研究了大学生创新创业能力培养的文献资料，发现专门研究建筑类高校大学生创新创业能力培养的文献较少。本书一方面加深了对于大学生创新创业能力培育的重要性和必要性的认识，提出创新创业能力的培养对于建筑类高校大学生适应时代发展和我国建成创新型国家十分重要；另一方面，拓宽了大学生创新创业能力教育的维度。本书从追寻内在价值的敬业能力、知行合一的实践能力、勇于挑战的创新能力、精诚合作的团队合作能力等方面，探讨了建筑类高校大学生创新创业能力培养的现状，并从提升能力的角度出发提出了解决路径。本书的出版对丰富学界对建筑类高校大学生创新创业能力培养的研究有着一定的意义。

（二）实践意义

对建筑类高校大学生创新创业能力培养的研究，不但丰富了建筑类高校高等教育人才培养理念、模式、方法和机制的相关研究理论，同时，还有利于促进建筑类高校教育体系的科学化、规范化，有利于提升建筑类高校的教学、科研创新水平，从而全面提高建筑类高校大学生创新创业能力和综合素质，具有一定的现实意义。

1. 为我国现代高等教育的改革指明了方向

我国长期以来的传统教育主要是知识教育，容易忽视学生的主体性、能动性、创造性，而创新创业能力培养则有利于转变旧观念，深化教育体制改革，建立以人为本的人才培养模式。

2. 是大学生就业、创业的实际需要

现阶段大学生就业难已经引起多方面重视。开展大学生创新创业能力培养教育可以"以创业促就业"，更好地促进学生的全面发展，有利于提升其对未来职业发展规划的能力，同时减轻大学生就业问题对社会的压力，帮助大学生更好地就业。

3. 是教育国际化的要求

大学生创业是国际形势所趋，在西方发达国家，大学毕业生自我创业非常普遍，这也是我们要使教育与国际接轨的要求之一。

建筑类大学生创新创业能力的培养是全面提高建筑类高校教育的质量的一个重要环节。提高高等教育的质量，推动高等教育内涵式发展是时代的要求。高等教育内涵式发展的生命线在于人才质量的提高。一方面，建筑类高校应把创新创业能力的培养贯穿高等教育教学的过程中，引导学生将专业理论学习、实践学习和创新学习相统一，提升建筑类高校大学生的敬业能力、实践能力、创新能力和团队合作能力；另一方面，建筑类高校大学生创新创业能力培养是建成我国创新型国家的重要支撑。建成创新型国家，人才是第一生产力，因此对建筑类高校大学生进行创新创业能力培养,对进一步提升建筑类高校大学毕业生的素质起着重要作用。创新创业能力培养可以充分发挥学生的主体性,调动学生的主观能动性,开发他们创造的潜力,为我国建成创新型国家提供重要支撑。因此,本书的研究具有一定的实践意义。

第二节 国内外研究现状

一、国外研究现状

John Richardson 在 What is Youth Work 一书中提到创新的四要点:首先要有富有想象力的观点和行为;其次活动要具有目的性,并能达到目标;再次过程中要创造出一些原创的东西;最后产出要有价值。John Richardson 提出学校和社会要给青少年一个实体的空间,让他们在空间中和同辈进行创造性对话并拓宽彼此的视野,过程中有能帮助青少年创新工作的支持者参与到持续性对话中。这是建立大学创新创业孵化园的理论基础。

美国是世界上最早实施创新创业能力培养教育的国家。1947 年,哈佛商学院开设了美国高校的第一门"新创企业管理"课程,这标志着美国高校创业教育开始兴起,随后在 1949 年,斯坦福大学也开设了创业类教育课程。美国的创新创业能力培养教育体系较为完备,创新创业能力培养教育贯穿于教育的全过程,很多美国高校的商学院还专门设置了创业类专业,培养了具备教学和研究能力的创业教育博士生。1957 年,在苏联第一颗人造卫星发射成功的强烈冲击下,美国政府及其教育界提出了赶超苏联的口号,并于第二年颁布了著称于世的《国防教育法》,其目的是使教育适应国防竞争的需要和现代科技的发展。在全国科学技术委员会等机构的资助下,美国促进科学协会自 1985 年起,用了近 4 年时间,聘请了 400 位国内外著名的教授、教师、科学家及科学、教育机构的负责人,完成并公布了一份关于科学、数学和技术知识目标的创新性研究报告,题为《2061 计划:为了全体美国人的科学》。该报告着眼于将科学价值观、科学探索精神与最基本的科学基础知识传授和训练融为一体,提出了教育创新改革的若干原则,如改变课程内容,减少时数,强调学科的相互衔接,软化或排除课程中僵死的界限,改革教学方法,对学生了解细节的要求降低,把过去在专门概念和记忆方法上耗费的精力转到科学思维、技能方法培养上来,根据系统研究并认真验证和亲身体验的原则来进行。斯坦福大学校长约翰·亨尼斯(2003)指出:基础研究为人们打开探索世界的好奇心,应用研究则完成具体解决的方案,这是连续的不能间断的过程。基础研究与应用研究是"创新与服务"的两翼,如果不重视基础研究,就无法推动世界发展进程。基础研究要求实行学科(专业)结构综合化和开设通识课程。在学科(专业)结构上,高校应从培养人才的层次、类型等实际情况出发，各有特点地向综合化方向发展，以实现理工结合、文理交叉。目前，美国已有多所大学通过设立创新研究机构或中心来推进其创新创业能力培养教育及创新能力的研究。

其他一些发达国家也力求通过各种途径与方式来培养学生的创新能力，并将高质量创新人才的培养作为教育改革的思路和方向。英国的创业教育在20世纪80年代开始兴起，并且得到了大力发展，他们不仅注重传统理论教学，而且还能够随着时代的发展变化不断地做出回应和调整，制定出符合时代发展要求的创业课程，同时，国家和政府也在各个方面给予政策上的优先扶持。在《国家竞争力报告》中，高等教育中的创新创业教学成果已经被纳入教学评价体系之中，英国在该方面的综合实力名列前茅，其中用于创新活动的资本实力位列全球第9名，科研实力位列全球第7名，其他的相关创新资源和能力也非常雄厚。

法国注重对实践能力的培养，要求高校加强与企业的联系和合作，鼓励学生有计划、有目的地到企业和相关领域实习。

德国在创新创业能力培养中推行"双元制"的教育模式，强调实践环节的重要性。他们认为进行创业教育最重要的是培养学生的创业精神和独立精神，而不仅仅是丰富他们的创业知识和技能。

除此之外，韩国政府于1995年在其教育改革方案中开始明确"创造要素"的重要性，指出教育必须由知识记忆为主向培养创造力为主转移，大学教育则必须由现有知识和外来知识的传播向科技、文化创造方向转移。日本经济团体联合会也于1996年提出了《培养具有创造精神的人才》的教育方向。

在教学模式方面，加拿大的HEC高级商业学院教授Bechard（1998）认为创新创业能力培养是一种全新的教学模式，主要是通过正式化教学方式，教育与训练有想法的人，帮助受教育者形成一种新的思考问题的方式。

在教育过程方面，美国的学者Jack和Colin（2004）认为创新创业能力培养是一种教育过程，是以提高创业能力为目的，提升意识、思维、技能等综合素质的教育过程，在教育过程中，帮助学生掌握识别并了解创业机会的能力。

在课程体系方面，创新创业能力培养课程在西方一些发达国家是较为完备的，在课程安排上，从理论知识到实践活动分步骤开展创新创业能力培养教育，有效地将课程体系融入创业的全过程中，取得了较好的教育成果。美国、日本以及英国作为创新创业能力培养较有代表性的国家，在高校创新创业能力培养课程体系的设计上各有千秋。美国和日本较为注重学生综合素质的发展，他们的课程体系设置主要是将产学研进行有机的融合；而日本则更为重视基础性教育，侧重于对学生创新创业能力基础素养的培养；英国则是以培育创新创业的理念为导向，注重对学生创新精神层面的教育。

在师资队伍方面，美国的师资力量基本已经可以满足其发展的需要，在教师的组成上，主要分为两类：一类是由专门从事创新创业研究的专职教师担任，另一类是聘请优秀的企业家担任；在教师的培训方式上，美国主要通过定期组织创新创业能力培养研讨会、创新创业师资研习班等形式开展课程。日本的师资组成主要有两种，一种来自管理及经济学科的科研教学工作者，这部分教师占比较大，另一种来自具有丰富实践经验的校外讲师，主要就是优秀的企业家，此类教师在教学中有较丰富的实践经验，能够充分地把理论教学与创业实践经验有机地结合起来；在教师的培训上，日本主要是通过开展交流会形式实现的。英国的教师主要是由具有较强科研能力与理论教学基础的专职教师来担任；在教师的培训上，英国主要是通过创业者项目活动来进行的。

20世纪90年代以后，美国、加拿大等国的创新创业能力培养，开始由注重对个人的能力培养转向注重团队、公司、行业和社会全员参与的协同合作上，并强调创业作为一种管理风格，不仅仅在创办新企业时需要，大企业、非营利机构同样需要。但是，其他国家和地区对创新创业能力培养的认识则还停留在个体意识、品质和技能培养层面。印度在《国家教育政策》中明文规定要培养学生的"自我就业所需要的态度、知识和技能"。澳大利亚教育委员会及就业培训组织等机构则认为，创新创业能力培养是一种直接面向年轻人的能力、技巧和创造性、革新性、开创性等个性品质培养的教育形式，它在帮助年轻人成功把握生活和工作中各种机会的同时，还能促使年轻人为自己工作。德国大学校长会议和全德雇主协会曾联合发起了一项名为"独立精神"的倡议，呼吁高等学校成为"创新创业者的熔炉"。

通过对国外高校大学生创新创业能力培养的文献梳理，我们可以看出国外高校对大学生创新创业的研究时间较早且体系比较完善，以美国和英国为主的发达国家的创新创业能力培养已经经历了一百年左右的历史，不仅在理论体系上发展得比较完善，而且整个实践基础也比较扎实。国外的大学普遍建立了创新创业能力培养课程体系，政府和企业也十分重视大学生创新创业能力培养的开展和实践基地的建设。本书借鉴参考了国外高校大学以学生为主体的创新创业能力培养教育理念，借鉴国外高校创新的课堂授课方式和实践育人的方法，试图丰富我国对于大学生创新创业能力培养的相关研究。

二、国内研究现状

我国的创新创业能力培养发展的时间较短，随着国家逐渐提高对创新创业能力培养的重视程度，我国创新创业能力培养得到了良好的发展。

大多数学者认为我国的创新创业能力培养始于1998年清华大学举办的第一届创业计划大赛，而笔者在中国学术期刊网络版总库中，以"创新创业"为搜索词进行全文检索后，发现最早的文献是1986年周彬彬等发表的研究农村经济改革中涉及创新创业问题的文章《农村面临的挑战与选择》。这从一定程度上说明，我国的创新创业研究同美国一样，是源于对农业发展的促进；再以"创新创业能力培养教育"为检索词,最早的文献则是 2000 年陈畴墉和方巍发表的《知识经济时代理工科大学生经济管理素质的培养》一文,文中提出"经济管理素质是知识经济时代创新创业人才的必备条件",这说明我国的创新创业能力培养教育在改革开放后,通过政策鼓励和意识更新等方式不断得到促进和发展。

从宏观看,作为"第三本教育护照"的创新创业能力培养受到党中央和政府相关部门的高度重视,为贯彻落实党的十七大提出的"提高自主创新能力,建设创新型国家"和"促进以创业带动就业"的发展战略,教育部于 2010 年下发了《关于大力推进高等学校创新创业教育和大学生自主创业工作的意见》,要求各地和各高校大力推进创新创业能力培养教育,加强创业基地的建设,强化创业指导和服务,并进一步落实和完善大学生自主创业扶持政策,推动创新创业能力培养教育工作实现突破性进展。2001 年至今,全国性和区域性创新创业研究学术会议召开了很多次。与之同时,研究文献也不断增多,虽然从目前来看,我国创新创业能力培养教育尚处起步阶段,但值得欣喜的是,从 2010 年开始,我国关于创新创业能力培养的研究迅猛增长。

赵颖(2018)认为,创新创业能力培养构成了当代高等教育的主体内容,特别是思想政治、专业基础和职业道德的教育内容同创新创业能力培养的内涵相互融合,同创新创业能力培养的要求也相互配合,因此创新创业能力培养已然成为当代高等教育内容中不可或缺的部分。赵颖认为,传统的创新创业能力培养在选拔和培养竞争性人才方面更为突出,然而创新创业能力培养的理念应该是创新创业能力培养教育具有基础性、普遍性和差异化指导。总体上要求大学生都要受到一定的创新创业能力培养,在实践中再根据不同类型的学生分别进行创业指导。杨吉春(2016)认为,进入信息时代,知识经济的要求催生了大学生创新创业能力培养教育的产生与发展,创新创业能力培养有利于培养大学生的主体意识、团队合作意识和创新意识,对大学生成长成才起着非常重要的作用。仇存进(2018)认为,高校创新创业能力培养内容中创新创业能力培养课程体系非常重要,创新创业能力培养课程的核心工作是帮助大学生形成完整的创新创业能力培养理念,培养学生的创新精神和创业意识,提升大学生创新创业能力培养的方法和能力等。程玮(2017)在构建大学生创新创业能力培养体系中共提出了六个维度,分别是创业领导者能力、创业者自身的人格特质、创新创业技能、专业能力、职业基本素养以及团队合作能力。张朋飞(2013)提到,大学生创新创业能力培养具体包括组织管理能力、创新能力、人际关系协调能力、开发实践能力、心理控制能力,其中创新能力是贯穿于其他能力之中的。韩立(2017)认为,大学生由于传统就业择业观念的约束,对创新创业能力培养缺乏热情。高校创新创业能力培养教育体制的不完善和师资队伍的薄弱,导致大学生缺乏创新创业能力培养实践,实践能力欠缺,大学生创新创业能力培育可以从以下五个方面进行:加强创新创业能力培养教师队伍建设,完善创新创业能力培养教学方法,完善创新创业能力培养课程体系，建设创新创业能力培养实践平台，协调政府和社会力量。杨维霞（2018）通过调研发现，大学生对创业的态度较积极，但创业条件的不成熟抑制了大学生创新创业能力培养，提出了"四位一体"的实践教学体系，即"课堂教学、竞赛培训、横向研究、创业支持"的体系。调查还显示，大学生不了解政府的创新创业能力培养优惠政策，而且参与创新创业能力培养活动的人数并不多。杨吉春（2016）在《大学生创业教育问题与对策研究》中提到，改革创新创业能力培养教育教学模式，搭建实践平台，争取资金支持和优化政策支持等对策。张文强（2012）通过对5所财经建筑类大学的大学生创新创业能力进行调查，发现他们在创新创业方面存在信心不足、自身知识储备不够、不了解创业政策和缺乏创业实践等问题，从学生自身、大学教育、政府主导和企业助推这几方面思考，提出强化意识、构建教学体系和考核体系三个方面的解决路径。张昆（2015）通过对上海政法学院大学生进行问卷调查，发现大学生创新创业能力培养意识薄弱、创新创业能力培养实践体验不足、高校培育力度不够等问题。任泽中（2016）提出，要建立"纵横有道"的大学生创新创业能力培养体系，主要从横向建立多元协同的创新创业能力培育机制，从纵向制定针对不同阶段的大学生培养创新创业能力的层级提升方法。

在课程体系方面。文丰安（2011）认为，大多数地方高校的大学生创新创业能力培养教育课程设置零乱，没有统一的课程体系，要将创业教育的操作过程纳入活动课程的整体框架中和现行的学科课程体系中，结合课堂内外的各种社会活动，根据不同学科的具体特点，将创业教育方面的内容渗透在相应的课堂教学中。创业课程的实施应遵循循序渐进的原则，分为培养创业意识与创业精神的基础课程、培养创业技能的实践课程、培养创业能力的实战课程三个课程阶段。韩光、程珺、张鹏、赵树凯（2014）指出，校企合作中高校应将理论与实践教学相结合，构建科学合理的教学体系，面向产业需求设置课程体系，建立系统的实践教学体系和稳定的实习基地。魏美春、方经奎（2015）认为，高校应确立创新创业能力培养的学科地位，理论与实践相结合，主动开发与构建立体化的创新创业课程体系，尤其要鼓励教师编撰和出版创新创业能力培养校本教材，以满足学生多样化需求。课程内容上可以引入法学、经济学、市场营销、企业管理、国际贸易、风险投资和领导科学等创新创业实务课程，建立在线开放课程学习学分认定制度，建设创新创业能力培养视频公开课、慕课、微课等在线开放课程。

在师资队伍方面。郭霖（2006）认为，由成功的创业人士向学生讲授其经历和感悟更具实效，更能激发学生的创新创业热情。谈晓辉、张建智等（2015）表示，应培养高素质专业教师人才，建设多元化人才队伍，安排教师到有关企业"参观锻炼"。邹建良（2015）提出，组建"导师团"，广泛吸纳教师，组成优势互补且专业齐全的创新创业导师团。

目前，对大学生创新创业能力培养的研究多集中在重要性和教育内容的研究上，对创新创业能力培养的内容进行了不断的扩展，主要包括创新能力、专业能力、实践能力、团队合作能力、组织领导能力、心理控制能力等。关于大学生创新创业能力培养的困境和培育对策方面，困境主要从大学生创新创业能力培养意识的内部因素，以及师资力量、课程体系、政策等外部环境进行分析；培养对策主要从政府、社会、学校、家庭和个人出发。通过对文献的梳理，笔者发现，对我国建筑类大学生创新创业能力培养的研究相对较少。这部分的研究多采用实证调查的方式，对建筑类大学生创新创业能力培养的现状及面临的困境进行研究，进而提出解决路径。这部分的实证研究缺乏充足的理论支撑。因此，笔者试图借助相关理论，对建筑类大学生创新创业能力培育的现状进行调查，用理论充实实证调查研究。本书主要以大学生创新创业能力为切入点，包括敬业能力、实践能力、创新能力和团队合作能力，从国家、学校、家庭、个人的角度出发，提出培养建筑类高校大学生创新创业能力的可能途径，实现推动建筑类高校大学生创新创业能力提升的目标。

第三节　研究方法

一、文献研究法

本书全面收集国内外有关创新创业能力培养的研究文献，不断跟踪学术研究前沿，了解最新动态，并不断发现存在的问题，从而为本研究奠定理论基础。充分利用优秀硕博论文数据库、中国期刊网、外文期刊数据库、书籍著作、期刊、报纸等文献数据库检索关于创新创业能力培养、实践教学体系、数字媒体技术实践教学等方面的文献，并对相关文献进行分析，归纳提炼已有研究成果，从中借鉴经验，汲取营养，站在"巨人的肩膀上"开阔眼界，拓宽视野，重新梳理建筑类高校大学生创新创业能力培养的核心观点、发展脉络、关键环节和现状审视，时常对比分析当前研究现状，力求从宏观处把握分析问题，从微观处深化研究问题，不断总结提炼新观点、新理论、新举措，为论文撰写奠定思想共识、理论基础，同时思考自身论文创新突出之处。通过校内外图书馆、各种网络渠道以及研讨交流等方法，对建筑类高校大学生创新创业能力培养问题进行广泛的资料收集查阅，并对相关文献进行分类整理和筛选，认真研究有关建筑类高校大学生创新创业能力培养的最新研究成果，希望能在前人的基础上做出更加深入的研究。

二、问卷调查法

没有调查就没有发言权。实践出真知，实践成果离不开调研真实数据，问卷法是本研究实证调查部分的主要方法。在厘清建筑类高校大学生创新创业能力培养的本质内涵后，本书针对内涵要点开展问卷设计，对建筑类高等学校学生特点进行分析制定问卷题目，以建筑类部分高等学校学生为主要调查对象，有针对性地了解当前建筑类高校大学生创新创业能力培养的不足，为建筑类高校大学生创新创业能力的培养提供可选择的方向。问卷利用 SPSS 数据分析软件对调查结果进行分析，以数据的形式直观全面地反映建筑类高校大学生创新创业能力培养的现状。

三、访谈调查法

问卷是对调查问题"面"的了解，访谈是对调查问题"根"的探索。本研究中，影响建筑类高校大学生创新创业能力培养的一些因素可能在问卷中没有清晰展现，需要借助访谈，本研究通过追问的方式进行深入分析。本研究制定访谈提纲，选取部分建筑类高等学校学生和专职教师进行访谈。教师对于学生创新创业能力的培养都是肯定的，创新创业能力是一个学生随着时代发展而发展的能力，是当今社会每一个人不可或缺的重要因素。对学生进行创新创业能力培养的方式有通识教育必修课（大学生创新创业能力培养教育）、学科基础课程（建筑类各专业创新创业）、就业指导，以及在教学上的学生实践、平时开展的活动、竞赛等。从访谈对象的行为和语言中获得的有关建筑类高校大学生创新创业能力培养困境产生的原因，为本研究的论证提供了有力材料，增强了调查研究的有效性。

对部分毕业生进行访谈。创新创业能力固然重要，是现今社会不可或缺的能力，因为在工作中很多时候需要针对不同的教学对象制订不同的计划，这些内容需要创新，不能只用一种方式进行教学。仅靠学校对学生的培养是完全不够的，社会在发展，只有不断地学习才能满足社会的需求，这就需要学生做到自主学习，学校对学生的培养只能起到主导作用。无论在技能上还是理论知识上，学校都进行了很好的培养，但在教育教学上的课程设置太少，教学实践机会不够，缺乏实践机会。对于建筑类高校大学生而言，毕业之后面临的更多的问题是如何进行教学，如何运用教学组织形式等，而不是专业知识技能的不足。高校应该着重培养的是学生进行教育教学等的实践能力。

四、比较分析法

本书在研究过程中，通过比较国内外创新创业能力培养理论和实践的现状，找出国内创新创业能力培养的差距；通过比较不同年代创新创业能力培养发展状况，分析创新创业能力培养的发展历程和趋势。

五、实证研究与案例分析法

本书运用问卷调查和访谈法，了解建筑类高校大学生创新创业能力培养的发展现状、存在问题及动态，获得建筑类高校大学生创业者反馈的科学客观的数据，并选择有典型代表的案例进行分析，为建筑类高校大学生创新创业能力培养体系的构建及有效培养途径提供实践基础。

第二章 建筑类高校大学生创新创业能力培养的相关概念和理论基础

第一节 相关概念

一、创新

创新一词起源于拉丁语。1912年,美国经济学家熊彼特在《经济发展概论》中提出:"创新是把一种新的生产要素和生产条件的'新结合'引入生产体系。包括五种情况:一是开发一种新产品;二是使用新的生产方法;三是发现新的市场;四是获得原材料或半成品,即一种新的供应来源;五是实现一种新的产业组织方式"。熊彼特有关"创新"的表述在西方学术界引起了较大反响,他初次表达就给了创新一个较为广泛的定义。

"创新"一词用英语可以表示为名词innovation,动词innovate;前者之意为概念化的新方法、新事物,后者之意为革新、创造。"创新"指引入一种新的事物,它可以是制度、理论,甚至是新的事物组合,使该事物较之前具有或多或少的有价值的贡献。再者,也可看作是一种复合式的发展状态,涉及知识、技术、组织等多个维度,区别于传统守旧,又是对传统继承和发扬的综合表现。尹柏翔(2017)指出创新是指在已有的知识基础上提出异于别人常规的思维模式和见解。

创新是一个民族进步的灵魂,人类进步所取得的一切成果都离不开创新,随着社会的不断发展,研究者们从各个领域对"创新"做出拓展式的阐述。"技术创新"是美国经济学家华尔特·罗斯托从创新的概念拓展而来的,并被提到创新的主导地位。索罗(Solo, S.C.)在《在资本化过程中的创新:对熊彼特理论的评论》中首次将"新思想来源"和"后阶段实现发展"作为技术创新成立的两个条件;伊诺思在《石油加工业中的发明与创新》中认为:技术创新是发明的选择、资本投入保证、组织建立、制订计划、招用工人和开辟市场等几种行为的综合界定,是从集合角度来定义"技术创新"的。林恩(Lynn, G.)则首次从创新时序过程角度将"技术创新"定义为"始于对技术的商业潜力的认识,而终于将其完全转化为商业化产品的整个行为过程"。胡哲一认为,技术创新是周期性技术经济活动的全过程,基本特征是创造性和市场的成功实现。方丰、唐龙在《科技创新的内涵、新动态及对经济发展方式转变的支撑机制》中指出,科技创新可以分为知识创新、技术创新以及现代科技引领的管理创新三种类型。吴国玺、申怀飞、潘春彩等认为，科技创新是通过在生产系统中运用新的科学发现或技术发明，创造新价值的过程。还有学者认为，科技创新是贯穿于整个科学技术活动过程中的所有创造新知识、产生新技术、应用新知识和新技术的科学技术活动和经济活动。

上述关于创新内涵及创新的拓展式内涵的描述，尽管学者们所选取的角度不同，但大致仍为我们勾勒出创新的基本框架，即创新是以新的思想意识为开端，通过灵感和创造能力产生出前所未有的新成果且富有有效性，是人的主动性促进发展、实现发展的实践过程，是与重复实践相对应的新的实践方式。创新强调的是人的主体性和主动性，主要特点是新颖性和首创性，其标志是优化和进步。

二、创业

关于"创业"，不同学者分别从不同的角度进行了定义。Low 和 MacMillan 认为创业就是新企业的构建。熊彼特作了进一步的阐述，认为创业包括新企业的创建和已创建企业的创业。Weber 认为创业的目的是创造利润，是在自己承受的经济风险之内，接管和组织一个经济体的某部分，并通过交易来满足人们的需求，实现经济效益。

姚梅芳在《基于经典创业模型的生存型创业理论研究》中将创业定义为：创业者在发现和识别各种商业机会后，通过组织各种资源、提供产品和服务，最终创造出商业价值的过程，此过程中包含创业者、商业机会、组织、资源四项基本要素。创业者是创业的主体，是置身于创业过程核心的个人或团队；商业机会是创业者进行创业的主要驱动力量，是当前服务于市场的企业留下的缺口，利用商业机会创造价值的过程就是创业的过程；组织是创业的载体，是协调创业活动的有机系统；资源是组织中的各种投入，包括人、财、物，既包含有形资产也包含无形资产。张东升、刘健均从广义上将创业定义为在一个有问题的企业的基础上创建出一个重焕生机的企业。熊彼特强调创新成果最终能够作为市场经济的主要推动力在市场上实现才能被称为创业，这是创业与发明的区别所在。管理学派打破从主观主义角度研究创业的方法，认为创业是一种需要组织并可以组织的系统性工作，它并不是个人的一种天赋、灵感、智慧的闪念而是一种行为。林强把创业看作是一种无论新企业还是现有企业都可以采用的管理思想，强调通过创新、变化、把握机会和承担风险而创造价值。姜彦福等人在经济管理领域内对创业研究进行界定，认为创业的本质是企业管理过程中创新性的高风险活动。袁界平、吴忠根据创业者的不同动机将创业分为机会型创业和生存型创业两类。机会型创业的目的是通过寻找和利用机会，为市场创造新价值，实现企业最大限度的增长；生存型创业是以依赖个人技艺生产某种产品或服务以赚取生计为基本出发点。

《辞海》对创业的定义是"创立基业",这里的基业是指"事业的基础、根基",具体是说人类所进行的创业活动是具有创新精神、开拓性的,同时能够促进经济社会的发展和进步。从现代汉语的使用情况来分析,"创业"主要分为三种情况:一是重点强调在创业初期的困难;二是强调创业过程以及意义;三是强调在此基础上创造出新的成果。

当前学术界还没有对创业的定义达成一定的共识。同时创业也被认为关乎思考、推理和行为方式等。创业作为一种人类行为,并非简单地创造经济价值,开创一番事业,这里的"事业"可以是经济上取得的成绩,也可以是学术上取得的成绩或进展。创业并不一定要成立公司,参加创业活动,如参加创业培训、比赛等,使自身的知识、技能得以提升的活动都可以看作是创业。

由此可见,创业的概念要从广义的角度与狭义的角度来看,在不同领域的解释也不尽相同。本书认为,创业是以创造利润为目的,由创业者领导协调各种生产要素,承担一定风险,创造价值的创新活动;更是一种行为模式与开拓性思维;是学生结合专业为将来发展提升自身技能、知识的一种行动能力。

三、创新创业

2017年,国家将"培养学生创新创业精神与能力"写入了"十三五"规划,这里的"创新创业"主要指在教育层面上拓展为"广谱式"创新创业,不再仅限于大学生创业者,而是面向全体学生。有学者在论述"广谱式"创新创业能力培养教育时提出,创新和创业是"双生关系",在"创新"后面加上"创业",内在规定了创新的应用属性,指向创业的创新,重在创新地应用;在"创业"前面加上"创新",全面统领了创业的方向,是创新型创业、机会型创业、高增长的创业,是更高层次和水平的创业。我国的"创新创业",不是简单的词义叠加,而是从本质内涵上将创新与创业融合。创新与创业是相互的关系,创新和创业具有同一性,成功的创业案例离不开创新的想法,成功的创新也往往在创业过程中产生。综上所述,本研究认为创新创业是以创新为前提条件,以创业为表现形式,在创新引领下实现产品、技术、管理、服务等方面创新的创业活动。

"创新创业"既不能简单地与"创新"画等号,也不能等同于"创业"。从含义上来看,创新创业是立足于创新的创业活动,二者相互促进。创新是创业的前提、基础,创新有效地推动了创业,创业过程又为创新提供支撑,是结果的呈现。创新最终指向创业,创业的结果最终体现创新。

在研究"创新""创业"概念的过程中,往往还涉及对"创新与创业的双生关系"进行简要辨析。李政在《创业型经济:内在机理与发展策略》指出,成功的创新往往产生在创业过程中,成功的创业离不开创新;杰弗里·迪蒙斯认为,如果将创业定义为美国经济的发动机,那么带动了新技术诞生的创新就是发动机的汽缸;王占仁在《"广谱式"创业教育的体系架构与理论价值》中提到,在

第二章　建筑类高校大学生创新创业能力培养的相关概念和理论基础

"创新"后面加上了"创业"二字是"创业教育"在形式上的表现，实质是对创业作为创新的应用属性进行内在规定。孙千惠在《严峻就业形势下我国大学生创业能力培养研究》中认为，创业是创新活动的载体，创新活动不一定是创业活动，但如果被称为创业就必然会涉及创新，具备创新能力是创业的基础和前提，两者是相辅相成的，创业是创新活动的实践、延伸和升华，其过程本身就是应用创新。谷力群在《论大学生创业精神的培养》中指出，创业的本质就是在不断创新的基础上将创新成果应用到社会各方面之后产生一定的经济效益，真正意义上的创业必然会包含创新在内。他进一步指出，创新注重创新机理与精神层面的探究，创业侧重创新活动的实践，但这两者的核心都是"创新"。彼得·德鲁克提出"创业型经济"的概念，认为创业型经济的基础力量是创新，其实质是以新创意和新技术为资本，通过建立最为有利的制度来达到刺激经济体持续增长的目的。王承旭与克拉克在"创新"与"创业"的异同上达成一致："创新"有时可能意味着冒险，而"创业"更多的是深谋远虑再采取行动。熊彼特对创业的影响因素进行了研究，指出：创业是经济增长的重要驱动力，创新又是创业的原动力，能否激发创新的热情与创业的经济社会环境具有密切的联系。张文修在《谈创新教育与教育创新》中认为，创新教育是创业教育的基础与起点，创业教育是创新教育的逻辑延伸。高晓杰、曹胜利在《创业教育——培养新时代事业的开拓者》中对两者的关系作了进一步的阐述：创新教育和创业教育之间存在的共性远大于彼此的个性，甚至在很大程度上是重合的。李志义在《创业教育之我见》中认为，创新与创业既有区别，又密不可分。创新更多的是思维方面的开拓，创业则是在社会各个领域内开创新的事业，提供新的岗位，是强调行动层面的创造。创新是创业的核心本质，支撑着创业的持续发展，创业为"表"，创新为"里"。米克斯认为，创新与创业之间存在着巨大的差异，创新泛指发明成果应用在市场中产生商业价值的过程，而创业强调新商业是如何建立的，特指创建企业的过程。创新不一定涉及建设新的企业组织制度，能够在原有的企业组织框架内实现，但创业必然会涉及新的企业组织制度的建设。Cheri Stahl 指出，创新是导入新的技术，创业则是创造新的财富。Lars Kolvereid 认为，创业是为个体或团体识别和开发风险机会的过程，创新则一般是在已有组织和地区产生并为其提供了新的知识。

学者们在关注"创新"与"创业"差异的同时，也在努力将两者在本质上进行融合和渗透，"创新"和"创业"在现有的文献中被视作紧密相连的词语。在 Kanungo 等人看来，创新是创业必不可少的工具。熊彼特的创新理论提到创新来源于创业，创新应该成为评判创业的标准。彼得·德鲁克在《创新和创业精神》中提出，创新是展现创业精神的特定工具，是为资源注入一种新的活力，使之成为创造财富的活动，创业精神和创新是可以通过辛勤的学习而获得的，有创业精神才可能有重大的创新成果，有创新精神企业才能得到很好地发展。

综上所述，创新与创业的集成融合关系可以表现为以下几方面：第一，创新是创业的本质和源泉。创业者要取得最终成功就必须拥有持续的、旺盛的创新精神和创新意识，以寻求新的思路、方法和新的模式。第二，创业体现创新的价值。创新的价值是将潜在的知识、技术等转化为现实的生产力，创业者通过创业将科技成果推向市场，将其潜在的市场价值转化为现实的经济效益。第三，创业推动并深化创新。科技创新在创业过程中能得到进一步的深化和改造，提高企业的创新能力，满足新的市场需求。尽管创新和创业存在明确的研究边界，但两者并非相互独立，两者的交集表现为伴随整个创业和企业成长过程的相互渗透与集成的动态融合，企业始终要依靠创新精神、创业能力和市场意识来持续发展。

四、创新创业能力

创新创业能力实则是一个整体且处于动态发展之中，两者不应该简单地拆分来看，但要对创新创业能力进行深层次的剖析就必须从创新和创业这两个角度入手。"创新创业能力"并不仅是"创新能力""创业能力"概念的加和，当前多数学者对创新创业能力的理解多是从概念集合的角度去理解与分析的。

丁莉（2021）认为，创新创业既包含了创新的意志品质，又包含了创业的实践活动，是最终在各个工作领域中解决各种问题的综合素质能力的体现。肖林鹏（2015）认为创新创业能力包括创新能力、分析决策能力、预见能力、应变能力、用人能力、组织协调能力、社交能力、激励能力、应付挫折能力等。

综上所述，创新创业能力是一个整合性的概念，处于动态发展的过程中，其整合性体现在创新创业能力具备创业能力、创新能力的全部属性，但不只是两者的加和，而是一个具有庞大复杂构成要素的集群；是指将已经掌握的知识、技术与实践经验相结合，提出新观点、发现新问题等，通过自身思考，改进并付诸实践，最终能有新发现或创造出新事物、新组合、新思想，是一种认识能力与实践能力的集合；是指能胜任创新和创业工作的能力，也就是具备解决创新创业过程难题的一种综合素质能力。

五、建筑类高校大学生创新创业能力

建筑类高校大学生创新创业能力的培养应建立在专业能力培养的基础之上。本书将建筑类高校大学生的创新创业能力概括为以下三个维度：（1）大学生运用建筑专业理论知识和技能，在特定实践场景中创造价值的综合能力。（2）体现为以专业发展为导向的创新态度和行为模式的创新驱动发展能力，具体包括以创新发展思想引领专业技能提升、通过专业实践推动自我发展、将学习成果融会贯通的综合应用能力。（3）包含创新能力、创业能力两个核心能力群的复合能力。专项技术能力，综合管理能力，资源整合能力。这些能力集群共同构成了建筑类高校大学生具体的创新创业能力体系。该体系的培养需要与专业教育深度融合，通

过理论教学与实践训练的有机结合来实现。

六、大学生创新创业能力培养教育

大学生的创新创业能力培养教育是一种鼓励大学生勇于创新、知行一致、善于合作、愿意承担风险的文化，培养大学生形成积极进取与不怕挫折失败的人生态度和创新的思维方式，促使大学生毕业后无论是面临升学还是就业都能够寻求各种方法来实现自己的目标，都能在社会生活的任何方面、任何行业快速适应并成功展示自我才能。我国的大学生创新创业能力培养教育起步于1998年，"清华大学创业计划大赛"拉开中国大学生创新创业能力培养教育的序幕。学者王歆玫指出，1998—2001年我国的创新创业能力培养教育处于萌芽阶段，2002—2007年是我国大学生创新创业能力培养教育的探索期，2008年至今，我国高校的创新创业能力培养教育已成燎原之势。

第二节 理论基础

一、知识生产理论

知识经济时代到来，知识的核心战略资源地位不断得到提升，其在经济增长方式转变和新的经济增长点培育过程中发挥的作用越加凸显。然而，随着社会的发展，知识生产主体也在发生适应性转变。英国学者吉本斯等人提出了两种知识生产模式的概念：一类是传统的知识生产模式（简称模式1），另一类是知识生产的新模式（简称模式2）。模式1的典型特征是纯科学模式，这是一种追求结构单一化、线性的知识生产方式；模式2强调知识生产凸显应用导向性、跨学科性和多主体性。近年来还有学者提出第三种知识生产模式（简称模式3），在模式2的基础上，更加强调知识生产主体（大学、产业、政府和社会公众）之间的协同性、创新性。

从模式1演变到模式3，纵览这一发展历程，可以看出知识生产模式的发展趋势主要呈现出以下几个特征：第一，跨学科性是知识生产模式转型的主要特点之一；第二，随着知识生产模式的变革，越来越强调知识的实用性、实践性；第三，知识生产模式呈现出多元参与性、协同性与创新性，大学、政府、社会和企业都参与到知识生产过程中来，并且他们之间的协同程度越来越高，创新性更加凸显。

作为一种新型的教育理念，创新创业能力培养是知识经济时代的引领性教育，是对高校传统人才培养模式的迭代升级，其中蕴含的知识生产模式也在发生适应性转变。本研究在人才培养体系构建过程中，要积极顺应知识生产模式发展新趋势，注重各学科知识体系之间的交叉性、协同性、融合性；破除学科壁垒对新时代高校大学生创新创业能力培养的障碍，推进培养体系内容的交叉、融合、创新;强化创新创业能力培养的实践性与多主体性,推动理论知识向实践生产力的创新性转化,为培养建筑类高校创新创业拔尖人才打下坚实的基础。

二、核心素养理论

"素养"一词最早可见于《汉书·李寻传》:"马不伏历,不可以趋道;士不素养,不可以重国"。古人对素养的释义,大致可以理解为修养和能力。在《现代汉语词典》中素养的定义为"平日的修养",可理解为在日常生活中所显现出的品格与涵养。

聚焦未来社会中大学生应该具备的知识、能力和情感态度,1996年经济合作与发展组织(OECD)首次提出核心素养结构模型,这一模型提出以后,在国际社会得到强烈反响,此后美国、日本、新加坡等发达国家都结合自身实际,构建了不同的核心素养内容体系;联合国、欧盟等国际组织也正式出台了核心素养的要素框架。我国于2016年9月正式发布《中国学生发展核心素养》,具体分为三大方面、六大要素和十八个基本点。

目前学界对"核心素养"的研究还在深化,尽管国内学者对"核心素养"指标遴选和构成维度上还有争议,但是在主体认同上也形成了共识。核心素养具有时代性、综合性、跨领域性与复杂性。蔡清田认为:"核心素养"是人民适应现在生活及面对未来挑战所应具备的知识、能力与态度。国外关于"素养"的研究中,比较有代表性的观点认为:素养是知识、技能和价值观的融合体,不仅体现内在品质而且还关联外部行为。

核心素养具有可迁移性,其核心内涵对各个学科均有指导意义。大学生创新创业能力培养是一种新型的教育模式,目前学界并没有科学细分其培养目标,本研究借助"核心素养"理论来探索建筑类高校大学生创新创业能力培养具有重要的现实意义。

三、职业生涯发展阶段理论

美国学者Donald E Super提出了职业生涯的发展阶段理论。他将职业生涯划分为五个阶段,具体见表2-1。

表2-1:Super职业生涯的发展阶段理论

阶段	成长阶段	探索阶段	建立阶段	维持阶段	衰退阶段
年龄	0~14岁	15~24岁	25~44岁	45~64岁	65岁以上
特点	识别并树立自我概念,职业好奇心占主要位置,逐步培养职业能力	主要通过学校的理论学习和实践,实现角色认定和职业探索,完成初次就业	获得合适的工作领域并寻求发展	大多数人通常在工作中占有一席之地,需要保持他们所取得的成就和社会地位	大多数人即将结束自己的职业生涯,逐渐退出并结束自己的职业生涯

由表 2-1 可以看出大学生处在职业生涯发展的探索阶段。大学生创新创业的推进有助于学生将课堂上学到的理论知识运用到实践中去。通过实践活动的角色鉴定和自我考察，进一步发掘自身的兴趣和特长，并在职业探索阶段有意识地培养自身的专业能力、实践能力、创新能力和团队合作能力，为下一阶段的职业发展（建立阶段）奠定坚实的基础。

四、社会空间理论

作者 A Khademi Vidra 在"Youth in the Space：Socio Spatial Theories and Practices"一文中提到重点关注年轻人理解和创造空间来感知自己身份和认识自身的方式。空间是人类社会实践的中介，也是人类社会实践的结果。空间具有识别性、关系性和历史性。大学生创新创业能力培养的空间不断扩大，从传统的课堂空间向实体众创孵化园空间扩大，再向虚拟的互联网空间扩大，这都是空间的历史性和识别性的体现。邓纯余（2013）认为社会理论的空间转移给思想政治教育提供了新的视角。日常生活与非日常生活、虚拟社会与现实社会、公共空间与私人空间的分化与整合构成了思想政治教育空间建设的重要组成部分。可见大学生空间的建构非常重要，职业观的潜移默化不仅要通过传统的课堂来完成，也有必要从思想、意识和观念转变为行为，实现理论和实践的统一。

五、建构主义理论

建构主义理论是学习理论同样也是教学理论。建构主义认为知识不是对现实的纯粹客观的反映，知识是会随着人们认识程度的深入而不断地变革、深化的，所以学习不是简单被动地接受信息，而是主动地建构知识，教学也不是简单地"填灌"，不是知识的传递，而是对知识进行处理并自我消化的过程。建构主义学习理论主张，在教学过程中应该让学生在现实或模拟的情境中展开实践，形成解决问题的技能和能力，学习应该是探索式的学习，通过让学生积极主动地参与、体验，形成自己的理解，培养自己的能力。建构主义教学理论认为，情境、协作、会话和意义建构是学习环境中的四大要素。知识是学习者在一定社会文化背景的情境下，利用必要的学习资料，借助他人的帮助，通过意义建构的方式获得的。

对于建筑类高校而言，建构主义理论为创新创业能力培养的发展提供了一定的理论支撑，高校开展能力培养活动应该以学生的发展为中心，教师在教学过程中要注重培养学生的主动性和创造性，例如教师可以在日常的实践教学中充分地利用情境的教学方法，通过一些实验室的模拟以及创业项目的模拟，让学生能够在仿真模拟的环境下去积极地发现问题，进而分析问题，并找到解决问题的方式，不断地挖掘学生的创新能力。

六、"三螺旋"理论

"三螺旋"一词起源于生物学领域,主要揭示基因、组织和环境三者之间的因果关系,"三螺旋"所建构的模型图彼此缠绕。美国学者亨利·埃茨科维兹(Henry E tzkowit)在"三螺旋"的基础上提出了"三螺旋"理论。"三螺旋"理论的提出在很多领域开创了创新创业研究的新模式,致力于寻求政府、企业、大学三者之间的有机合作,形成创新创业、科学育人的长效机制,具体表现在两个方面,一是指政府、企业、大学三个组织之间在创新创业过程中相互辅助、相互促进,但每个组织都具有一定的独立性,都保持着自己的独立地位,有自己的独立发展模式;二是在模型中我们可以看到,政府、企业、大学三个组织之间也有边界,以时间、地点以及条件为前提,按照客观需求将边界不断延伸。在三个组织边界相互延伸的过程中形成的三个交叉组织之间的功能是相互渗透、相互融合的,通过各自组织边界的开放,将传统的封闭性打破,政府、企业和大学之间形成新的组织,而单个组织的发展和变化,也对整体的存在和发展起着重要作用,具体来说,也就是其中某一组织的创新与发展都会对新组织产生新的影响。

因此建筑类高校在开展创新创业能力培养时要避免闭门造车,积极地作为领头人,加强政府、企业、高校三者之间的联系与合作,在保持他们各自独立发展的同时,整合校内外的各种资源,政府加大创业支持力度,企业搭建校外实践基地,高校提供校内实践平台,构筑建筑类高校大学生创新创业能力培养协同机制。

七、人的现代化理论

人的现代化理论起源于西方,在其理论萌芽、出现并形成体系的过程中,"人的发展是一切事物发展的基础"这一观点,被众多学者反复强调并从多个角度进行了论证。20世纪40年代至50年代,主要是理论阐释及目标预设阶段,为实证研究奠定了丰厚的基础,马克斯·韦伯是提出并着手展开现代人格研究的第一人,他将人内心中超越性的宗教情绪与外在的资本主义工具理性相结合,为后来现代性人格研究提供了理论启示。20世纪60年代至70年代,这一阶段经济的发展与科技的竞争使人的现代化成为现代化整体中的关键而凸显出来。学者从不同层面、不同学科对人的现代化展开全面的研究,以英格尔斯为首的团队,将社会系统中的普通个体作为主要研究对象,系统分析了现代人格形成的原因和条件,在微观层面将有关人的现代化的特征具体化,通过大型的跨国调查,获得了大批成果,对人的现代化的特征、发展趋势以及各种现实和理论问题做出了回答,形成了一系列著名的研究报告,使人的现代化研究进行得更为直接和充分,将这一阶段人的现代化研究推向了高潮。20世纪70年代至今,这一阶段人的现代化研究尤为突出,一是西方国家尽管较早地提出了人的现代化理论与实践问题,但相比较国家现代化和社会现代化,人的现代化仍呈明显的落后态势,严重地暴露出人与现代社会不能相容的问题,不但蚕食着物质文明的成果,也制约着社会的进步,人的现代化问题由此而成为发达国家亟待解决的重要课题;二是发展中国家在借鉴发达国家现代化经验的过程中,出现了发达国家与本国现代化及人的现代化与科技、经济现代化相矛盾的现象,使得发展中国家人的发展问题凸显出来;三是知识经济时代的到来使人力资源成为经济发展的主要资源,于是,科技发展要依靠教育培养的人才这一观点在世界各国得到一致的认可并付诸实践;四是随着物质文化生活水平的提高,人自身的发展成为人追求的价值目标,在解决了温饱问题后,人必然会向往现代文明,提高生活和生命质量,实现与社会、自然的和谐发展。

人的现代化理论主要观点:①人自身全面协调发展。人自身的发展实际上是人的本质的展现与发展。人的本质是人的自然性、实践性和精神性的统一。实现人的现代化要包括人的自然性、实践性、精神性三方面的现代化。首先,人的自然素质现代化主要是人身体素质的提高和现代物质生活条件的满足,只有实现了这两者的现代化,才有可能促进人其他方面的发展。传统的生产实践活动主要通过人运用手工工具和体力来进行,现代社会生产实践活动主要是人凭借科学技术和智能运用现代化的手段来进行,人的科技素质成为衡量人实践性现代化的重要尺度。提高人的科技素质首先要提高科学知识素质,及时对与专业相关的学科知识进行更新与扩展。其次,提高包括基础能力在内的综合能力素质,科学知识和能力素质的提高是实现人的现代化的艰巨任务。人的自然性与实践性的发展是人精神性本质发展的基础,同时又需要人的精神性来做指导与支撑。实现人的精神性现代化就是人充分发挥主体性、能动性,使自己的思想观念能够冲破传统的束缚,适应并超越社会的发展。人的全面协调发展离不开人身体素质、科学文化素质、思想观念的提高。身体素质提高是基础,科学文化素质提高是关键,思想观念提高是核心。②人与社会的协调发展。人与社会协调发展的实质是丰富与发展人的社会关系。社会关系是个人活动交互作用的产物,首先是指人们在生活中一定的生产关系,其次是建立在生产关系基础上的经济、文化、法律关系等多层次的复杂关系。人与社会的协调发展要求个体能够在开放的社会环境中站在面向世界的高度发展交流关系,在激烈竞争的条件下发展合作关系,在大众媒体背景下发展信息关系,在发展先进生产力和先进文化的过程中发展道德关系等。人与社会的协调发展表现为人对社会的适应性,而非对立性或冲突性,这是实现人的现代化的前提,同时还要表现为人对社会的能动性和主体性,即人的现代化推动社会现代化的实现,而不是滞后或对社会的现代化产生依赖。

不同时期人的现代化理论取得了不同的研究成果,综上所述,人的现代化理论包括以下基本观点:首先,人的发展是推动一切发展的基础,实现人的现代化的最终目的是促进人自身的发展。其次，人的现代化的实现过程中必须处理好与自身及社会的关系。最后，人的现代化的核心是对个体内在潜能的开发，培养人的主体性和能动性。

八、素质教育理论

20世纪80年代初，素质教育开始受到教育理论界的关注。教育界主要从社会和人的发展的需要出发讨论素质教育的意义。该理论认为，素质是人所具有的维持生存、促进发展的基本要素，是以人的先天禀赋为基础，在后天环境和教育的影响下形成并发展起来的内在的、相对稳定的身心组织结构及其质量水平，主要包括身体素质、心理素质和社会文化素质等。

素质教育理论以促进人、社会、自然的和谐发展为价值取向，以德智体关注人的发展，是素质教育的灵魂、核心和目标，注重在教育过程中把人的全面发展放在中心地位，注重人的整体素质的全面提高、个性发展以及创新精神和能力的提高，发挥人的潜力和能力，为人的发展提供条件，并使人有能力掌握自身的发展，将个体发展与社会发展统一起来。素质教育强调个性化与社会化的统一、个体本位与社会本位的统一、人文教育与科学教育的统一。

九、习近平总书记关于高校大学生创新创业能力培养的重要论述

习近平总书记特别关心高校大学生创新创业能力培养，多次强调大学生创新创业的重要意义。2013年9月30日，习近平总书记在十八届中共中央政治局第九次集体学习时强调，"当前，从全球范围看，科学技术越来越成为推动经济社会发展的主要力量，创新驱动是大势所趋"；2016年5月30日，习近平总书记在全国科技创新大会上发表重要讲话时强调，"我国要建设世界科技强国，关键是要建设一支规模宏大、结构合理、素质优良的创新人才队伍，激发各类人才创新活力和潜力"；2018年5月2日，习近平总书记在北京大学考察时强调，"重大科技创新成果是国之重器、国之利器，必须牢牢掌握在自己手上，必须依靠自力更生、自主创新"。

第三章　建筑类最具代表性的高校

建筑类高校，是指那些专注于培养建筑领域专业人才的高等教育机构。这些学校不仅提供建筑学、城乡规划、风景园林等核心专业的教育，还涵盖了土木工程、环境科学与工程等相关领域的学习，旨在培养具备扎实理论基础和较强实践能力的建筑专业人才。

建筑类高校通常具有悠久的办学历史和深厚的学术底蕴，享有很高的声誉和影响力。这些学校不仅拥有优秀的师资力量和先进的教学设施，还注重与业界的紧密合作，为学生提供丰富的实践机会和广阔的就业前景。

目前，建筑类高校的专业已不再是单纯的以土建类学科为主，不仅包括建筑学、城乡规划、风景园林、环境科学与工程、工程管理、工程造价、土木工程、市政工程、安全工程、勘查技术与工程、测绘工程、交通工程、道路桥梁与渡河工程、地质工程、城市地下空间工程、结构工程、水利水电工程和智能建造等传统的土木建筑学科专业，还涵盖了工、理、管、文、法、艺、经等学科门类专业。学科门类交叉渗透、协调发展，坚持以工为主、以土木建筑学科为特色是国内建筑类高校的主流。

第一节　中国建筑老八校

在中国建筑教育发展史中，从1927年起，已先后有中央大学、东北大学、北京大学、中山大学、之江大学等十余所大学建立了建筑系。中华人民共和国成立之初，经过院系调整和重新部署，全国（除台湾省、香港、澳门外）共有八所大学设有建筑系，这些大学包括：清华大学、南京工学院（今东南大学）、同济大学、天津大学、华南工学院（今华南理工大学）、重庆建筑工程学院（今重庆大学）、哈尔滨建筑工程学院（今哈尔滨工业大学）、西安冶金建筑学院（今西安建筑科技大学，前身为东北大学建筑系）。这八所院校就是业界俗称的建筑类"老八校"。这八所院校又有"四大""四小"之分。"四大"为：清华大学、同济大学、东南大学、天津大学；"四小"为：华南理工大学、重庆大学、哈尔滨工业大学、西安建筑科技大学。

八大高校地处东西南北中，各据一方，各有特色，每所学校都有自己的专长。"老八校"培养了大量的土建类优秀人才，其建筑学一级学科排名均在全国院校前列，专业实力毋庸置疑，在中国建筑界的地位无人能撼动，对于很多用人单位来说,"老八校"的出身是一块就业的敲门砖。

一、清华大学

清华大学是中国著名的高等学府,是中国高层次人才培养和科学技术研究的重要基地。清华大学的前身是清华学堂,成立于1911年。清华大学设有20个学院、58个系,已成为一所具有理学、工学、文学、艺术学、历史学、哲学、经济学、管理学、法学、教育学和医学等学科门类的综合性、研究型、开放式大学。

清华大学建筑学院的前身是清华大学建筑系,由著名建筑学家梁思成先生创办于1946年10月;1988年成立建筑学院,设建筑系和城市规划系;2001年4月,原暖通空调专业从热能系并入建筑学院,组建建筑技术科学系;2003年成立景观学系。建筑学院设有4个系,即建筑系、城市规划系、景观学系和建筑技术科学系。

自建院以来,清华大学建筑学院逐步确定了"一个基础、二点关注、三项结合"的办学思想。一个基础,即以人居环境科学为基础。1946年,梁思成先生创办清华建筑系,提出"体形环境论"作为清华建筑教育的指导思想。20世纪80年代,吴良镛先生继承和发扬了梁思成先生的"体形环境论"思想,提出了符合新时代要求并具有前瞻性的"广义建筑学"和"人居环境科学"理论,成为学科发展的理论基础。二点关注,即关注国家建设需要、关注学科发展前沿。学院立足中国、面向世界,密切结合中国建设的需要和建筑学科发展的前沿,培养既了解学科前沿、具备国际竞争力,又了解中国国情、符合国家建设需求的专业帅才;这既是学院的办学特色,也是学院的人才培养目标。近年来,学院在人居环境科学指导下,注重中国城乡建设的重大课题,理论与实践相结合;注重学科发展的前沿课题,探索新的理论体系与方法,同时全面拓展国际合作与交流。三项结合,即教学、科研和实践相结合。学院始终坚持教学、科研和实践相结合,强调以教学为核心,将科研与实践通过教学计划和课程体系的设置全面渗透在教学过程的各个环节。近年来,随着建筑教学改革的深化和拓展,在延续传统的同时,学院进一步加强教学、科研和实践的结合,鼓励学生参与课外实践活动,鼓励教师结合科研与实践进行教学。

二、东南大学

东南大学是教育部直属的全国重点大学,位列国家"双一流"A类、"985工程""211工程",入选"2011计划""111计划"、卓越工程师教育培养计划、卓越医生教育培养计划、国家大学生创新性实验计划、国家级大学生创新创业训练计划、国家建设高水平大学公派研究生项目,是全国深化创新创业能力培养教育改革示范高校、学位授权自主审核单位,由教育部与江苏省共建。

东南大学建筑学院前身为原国立中央大学建筑系,创立于1927年,是中国现代建筑学学科的发源地。1952年全国高校院系调整后成为南京工学院建筑系,1988年随学校复更名为东南大学建筑系,2003年组建为东南大学建筑学院。

学院下设三个系和四个研究所,即建筑系、城乡规划系、风景园林系、建筑历史与理论研究所、建筑科学与技术研究所、美术与设计研究所、建筑运算与应用研究所。东南大学建筑学院是全国高等院校建筑学学科专业指导委员会历届主任挂靠单位。

中国著名建筑教育先驱刘福泰、鲍鼎、卢树森等先后执掌建筑系,著名建筑家杨廷宝、刘敦桢和童寯等曾长期在该系任教和主持工作,其中杨廷宝还是中国建筑学会理事长、国际建筑师学会副主席。东南大学拥有国内一流的学科实力和水平。2001年,"建筑设计及其理论"和"建筑历史与理论"双双被评为国家重点学科(数量并列全国第一,占全国同类学科的三分之一),2007年被评为建筑学一级学科国家重点学科(全国仅有的四校之一)。2008年,建筑学在国家一级学科评估中,位列全国第三(并列),2012年,建筑学在国家一级学科评估中,位列全国第二。

2011年,学院获得建筑学、城乡规划学、风景园林学三个一级学科博士点和美术学一级学科硕士点,设有博士后流动站。学科构建了"地域性建筑创作和城市设计""城镇建筑遗产保护""冬冷夏热地区建筑技术集成"和"数字技术应用"等科技创新平台,基本形成科学合理的学科布局。90余年来,建筑学院已为国家培养众多建筑类高级人才,其中院士12名,全国工程勘察设计大师15名,培养了近万名建筑、规划和风景园林领域的杰出人才,为我国城乡建设发展做出了杰出贡献。学院拥有国内建筑类院校最为完整的学科架构和雄厚的师资力量,并与国际一流建筑院校保持紧密的学术交流与教学科研合作,形成了具有鲜明东南特色的学术品格和"严谨、博雅、求实、创新"的学院文化。

三、同济大学

同济大学是中华人民共和国教育部直属,教育部与原国家海洋局、上海市共建的全国重点大学;中央直管副部级建制高校,国家"世界一流大学建设高校",国家"211工程"和"985工程"建设高校;入选国家"珠峰计划""强基计划""2011计划""111计划"、卓越工程师教育培养计划、卓越法律人才教育培养计划、卓越医生教育培养计划、国家大学生创新性实验计划、国家建设高水平大学公派研究生项目、中国政府奖学金来华留学生接收院校、国家级大学生创新创业训练计划、国家创新人才培养示范基地、新工科研究与实践项目、全国深化创新创业能力培养教育改革示范高校、中美"10+10"计划,是首批学位授权自主审核单位,联合国环境规划署全球环境与可持续发展大学合作联盟主席单位,国际设计艺术院校联盟、21世纪学术联盟、卓越大学联盟、中俄工科大学联盟、中欧工程教育平台、中国绿色大学联盟、国际绿色校园联盟、同济—伯克利工程联盟成员。

同济大学建筑工程系前身始于1914年同济医工学堂的土木科。根据国家需要，建筑工程系经历多次变动。1952年，高等院校院系调整，前交通大学、复旦大学、圣约翰大学等11所院校的土木建筑系科并入同济大学，同济大学成为以土木建筑学科为主的学校，设立了结构系、铁路公路系、上下水道系、测量系等5个土木建筑学科的系。结构系就是现在建筑工程系的开端，1958年更名为建筑工程系。1980年建筑工程系扩大为土建结构工程系，1982年改为结构工程系。1987年成立结构工程学院，结构工程系又改名为建筑工程系。1996年原上海建材学院、上海城市建设学院建筑工程系并入。2000年原上海铁道大学土木学院建筑工程专业并入。

同济大学建筑与城市规划学院拥有悠久的历史和雄厚的学科基础。目前设有建筑系、城市规划系、景观学系3个系。共有建筑学、城乡规划、风景园林、历史建筑保护工程、城市设计5个本科专业；建筑学、城乡规划学、风景园林学3个一级学科博士后流动站、博士点和硕士点。学科配置完整，专业设置齐全，为国内外本科生、研究生招生规模最大的学院之一。建筑学、城乡规划学、风景园林学3个一级学科进入一流学科建设名单，城乡规划学（建筑学、风景园林学），建筑学（城乡规划学、风景园林学）分别成为上海市高峰学科、上海市重点学科。2023年同济大学"建筑与建成环境"（含建筑学、城乡规划学、风景园林学）QS排名列全球第12位。学院坚持"四个服务"，以培养人才为第一要务，以建设可持续发展的人居环境为己任，以建设处于世界第一方阵的建筑、规划、景观类院校为目标，坚持学院精神传统，加强国内国际合作，不断追求创新，努力建设世界一流建筑学科，已成为具有国际重要影响的培养和学术中心。

四、天津大学

天津大学简称"天大"，坐落于天津市，是由教育部直属的首批全国重点大学，副部级大学，是国家首批"世界一流大学建设高校A类"、国家首批"211工程"和"985工程"重点建设高校，中国工程院和教育部10所工程教育改革试点高校之一，首批学位授权自主审核单位，入选国家"强基计划""2011计划""111计划""卓越工程师教育培养计划"、国家大学生创新性实验计划、国家级大学生创新创业训练计划、国家建设高水平大学公派研究生项目、新工科研究与实践项目、首批高等学校科技成果转化和技术转移基地、国家大学生文化素质教育基地、全国首批深化创新创业能力培养教育改革示范高校，是中国—东盟工科大学联盟、中国与中欧国家科技创新大学联盟创始成员。

天津大学建筑学院的办学历史可上溯至1937年创建的天津工商学院建筑系，

至今已有 80 余年的历史。1952 年，全国高校院系调整后，津沽大学建筑系（原天津工商学院建筑系）、北方交通大学建筑系（原唐山工学院建筑系）与天津大学土木系共同组建了天津大学建筑工程系。经过长期的学科建设与发展，学院已形成具有本科专业、硕士点、博士点、博士后流动站等多层次、高质量的综合人才培养体系。1998 年，学院的建筑学学科被批准为国家一级学科，下设的建筑设计及其理论、建筑历史与理论、城市规划与设计和建筑技术科学等 4 个二级学科均有博士学位授予权，包括自主申请设置的建筑环境设计博士点，共有 5 个学科具有博士学位授予权。并拥有建筑设计及其理论、城市规划与设计、建筑历史与理论、建筑技术科学、设计艺术学、建筑环境设计、艺术学和美术学等 8 个专业的硕士学位授予权。1999 年，经国家批准又设立建筑学科博士后流动站。2001 年，建筑设计及其理论二级学科被评为国家级重点学科，2007 年，建筑学一级学科成为国家级重点学科，建筑技术科学二级学科也被评为国家级重点学科。目前，学院已有 2 个一级学科博士点：建筑学、城乡规划学；2 个专业型学位博士点：风景园林、资源与环境；4 个学术型学位硕士点：建筑学、城乡规划学、设计学、非物质文化遗产学；4 个专业型学位硕士点：建筑、城乡规划、风景园林、设计；4 个本科专业：建筑学、城乡规划、风景园林、环境设计。

几十年来，天津大学建筑学院已为国家培养了数千名本科毕业生和几百名硕士、博士研究生，分配在国家各部委及各省市、自治区的建筑设计院、规划设计院、科研院所、高等院校和政府管理、开发建设等部门，成为各单位的业务骨干和学术中坚力量，为中国建筑事业的发展做出了突出贡献。

五、华南理工大学

华南理工大学地处广州，是直属教育部的全国重点大学，校园分为五山校区、大学城校区和广州国际校区，是首届"全国文明校园"获得单位。学校办学历史源远流长，最早可溯源至 1918 年成立的广东省立第一甲种工业学校；正式组建于 1952 年全国高等院校调整时期，为新中国四大工学院之一；1960 年成为全国重点大学；1981 年经国务院批准为首批博士和硕士学位授予单位；1993 年在全国高校首开部省共建之先河；1995 年进入"211 工程"行列；2001 年进入"985 工程"行列；2017 年入选"双一流"建设 A 类高校名单。

建筑学院历史悠久，始于 1932 年勷勤大学，为华南地区唯一也是中国最早建立的建筑学科之一，历经勷勤、国立中大、华南工学院，建筑教育从未间断。林克明、陈伯齐、夏昌世、龙庆忠为学科重要开创者和缔造者，学院培养了大批杰出人才，孕育了莫伯治、佘畯南、何镜堂、吴硕贤等 4 位院士和袁培煌、饶维纯、黎佗芬等 15 位全国工程勘察设计大师，以及台湾地区的贺陈词、杨卓成（中正纪念堂设计者），香港的李允鉌（《华夏意匠》作者）等著名建筑学者校友。建筑学院现由建筑系、城市规划系、风景园林系组成，拥有亚热带建筑与城市科学全国重点实验室。1961年开始招收研究生，1981年成为第一批建筑学博士点并发展至全学科，目前学院有3个一级学科博士点，3个一级学科博士后流动站、3个一级学科硕士点、3个本科专业。

学院办学立足岭南，突出亚热带地域特色，厚基础、深发展、国际化。学院以高水平本科教育作为学科发展的核心基础，强调培养扎实的理论基础与卓越的设计实践能力。学生在国际国内竞赛中屡拔头筹，获得2018年中国国际太阳能十项全能竞赛冠军，2021年迪拜国际太阳能十项全能竞赛总成绩冠军，第三、四届国际高校建造大赛冠军等一系列重要设计竞赛佳绩。教育部建筑学（城市设计方向）中外合作办学硕士教育项目、国家留基委创新型人才国际合作培养项目的实施将学院国际型人才培养推进到新的高度。

学院服务于粤港澳大湾区建设、乡村振兴、脱贫攻坚等国家战略，在亚热带建筑设计、亚热带城市规划设计、岭南风景园林建筑与文化研究、古建筑文物保护修复、岭南民居研究、亚热带建筑技术科学等方面特色突出，蜚声中外。设计实践作品享誉国际，创作设计了2010年上海世博会中国馆、上合组织青岛峰会主会场等国家级标志工程，以及2010年广州亚运会南沙体育场馆和游泳跳水馆、侵华日军南京大屠杀遇难同胞纪念馆三期、广州琶洲西区城市设计等大批具有重要社会影响力的精品工程，众多教师获得国际国内奖项。综合水平跻身国内前列，在全国拥有较大影响力和良好的声誉。

六、哈尔滨工业大学

哈尔滨工业大学始建于1920年，1951年被确定为全国学习国外高等教育办学模式的两所样板大学之一，1954年进入国家首批重点建设的6所高校行列，被誉为工程师的摇篮。学校于1996年进入国家"211工程"首批重点建设高校，1999年被确定为国家首批"985工程"重点建设的9所大学之一，2000年与同根同源的哈尔滨建筑大学合并组建新的哈尔滨工业大学，2017年入选"双一流"建设A类高校名单。

哈尔滨工业大学建筑与设计学院是我国最早建立的建筑学科之一，前身是1959年从哈尔滨工业大学独立出来的哈尔滨建筑大学。哈尔滨建筑大学于2000年重新并入哈尔滨工业大学。历经九十载风雨砥砺，建筑与设计学院与哈尔滨工业大学同步成长，已走进新的发展时期。建筑与设计学院拥有建筑学、城乡规划学、土木工程、设计学4个一级学科；建筑学，城乡规划学，土木工程（供热、供燃气、通风及空调工程），风景园林和土木水利［人工环境工程（含供热、通风及空调等）］5个博士学位授权点；同时具有建筑学（学硕）、建筑（专硕）、城乡规划学（学硕），城乡规划（专硕），风景园林（专硕），设计学（工学）（数字媒体设计、设计艺术学、工业设计方向），设计学（艺术学）（数字媒体艺术），土木工程（供热、供燃气、通风及空调工程），土木水利［人工环境工程（含供热、通风及空调等）]9个硕士学位授权点，拥有本-硕-博-博士后完整的人才培养体系。这些专业、学科均以优秀的成绩多次通过本科及硕士专业教育评估。在建筑设计及其理论、建筑技术科学、建筑历史与理论、城乡规划与城市设计、风景园林规划设计、人居环境营造与节能减排、环境艺术设计、数字媒体技术与艺术等诸多研究方向上，学院已形成了自己的学术特色，取得诸多建树。目前学院设有3个博士后流动站，拥有建筑国家级虚拟仿真实验教学中心等5个国家级平台、教育部绿色低碳城市更新国际合作联合实验室、寒地城乡人居环境科学与技术工信部重点实验室、寒地国土空间规划与生态保护修复自然资源部重点实验室、互动媒体设计与装备服务创新文旅部重点实验室等为代表的20个省部级平台，同时拥有甲级资质建筑设计研究院和城市规划设计研究院等学科实践基地。

七、重庆大学

重庆大学是教育部直属的全国重点大学，创办于1929年，在20世纪40年代就发展为拥有文、理、工、商、法、医6个学院的国立综合性大学。经过1952年全国院系调整，成为国家高教部（高教部1958年并入教育部）直属的、以工科为主的多科性大学。1960年被确定为全国重点大学。改革开放以来，学校大力发展人文社科类学科专业，促进了多学科协调发展，逐步发展为综合性研究型大学。1998年，学校成为国家"211工程"首批重点建设高校。2000年5月，原重庆大学、重庆建筑大学、重庆建筑高等专科学校三校合并组建成新的重庆大学。2001年，学校成为"985工程"重点建设高校。2004年，学校被确定为中管高校。2017年9月，学校入选国家"世界一流大学建设高校（A类）"。

重庆大学建筑学专业的办学历史可以追溯到1935年，创办于重庆大学工学院中，与土木工程学科相结合。抗战时期，中央大学由南京迁至重庆大学松林坡，与重庆大学建筑系比邻，在教学发展中相互支持、成长，得以壮大。抗战胜利后，中央大学回迁南京，留下的人员、教学设备、教学环境补充和壮大了重庆大学建筑系的师资队伍和教学实力。1952年，全国院系调整，原重庆大学、西南工专等院校的建筑系合并成重庆建筑工程学院建筑系，是国内最早的八大建筑院系之一。1994年，重庆建筑工程学院更名为重庆建筑大学，建筑系更名为建筑城规学院。2000年，新重庆大学组建后，更名为重庆大学建筑城规学院。

重庆大学建筑城规学院立足西南、面向全国、放眼世界，逐步发展成为我国办学历史最悠久、规模最宏大、学科最齐全、特色最鲜明、本硕博及博士后办学体系最完整、学生最出色的建筑院系之一。90多年来，培养了包括中国建筑西南设计院总建筑师徐尚志、四川省设计院总建筑师古平南、西北建筑工程学院院长张之凡（张之蕃）、北京市建筑设计院副总建筑师宋融以及陈世民、赵元超、杨瑛等全国工程勘察设计大师和汤桦、李秉奇、董明、徐锋、黄捷等数十名省级工程勘察设计大师在内的万余名优秀毕业生。

八、西安建筑科技大学

西安建筑科技大学坐落于历史文化名城西安，现有雁塔、草堂两个校区和一个科教产业园区。学校办学历史悠久、底蕴深厚，最早可追溯到始建于1895年的天津北洋西学学堂，1956年全国高等院校院系调整时，由原东北工学院、西北工学院、青岛工学院和苏南工业专科学校的土木、建筑、市政系（科）整建制合并而成，积淀了我国近代高等教育史上最早的一批土木、建筑、环境类系（科），时名西安建筑工程学院，是新中国西北地区第一所本科学制的建筑类高等学府，我国著名的土木、建筑"老八校"之一，原冶金工业部直属重点大学。1959年和1963年，学校先后易名为西安冶金学院、西安冶金建筑学院；1994年3月8日，经原国家教委批准，更名为西安建筑科技大学。1998年，学校划转陕西省人民政府管理。现为"国家建设高水平大学项目"和"中西部高校基础能力建设工程"实施院校，陕西省重点建设的高水平大学，陕西省、教育部和住房城乡建设部共建高校。

西安建筑科技大学建筑学院源自中国最早开办现代建筑教育的南北两脉，南脉是1923年由柳士英、刘敦桢先生创建于苏州的苏南工业专科学校建筑科，北脉是1928年由梁思成先生于沈阳创立的东北大学建筑系，初期教授有林徽因、童寯、陈植、蔡方荫等。两校培养了中国第一代"本土建筑师"，共同开创了中国现代建筑教育的先河。1956年，根据国家高等院校调整方案，两校建筑系（科）迁往西安，与西北工学院建筑系、青岛工学院建筑系合并成立西安建筑工程学院建筑系，并先后改名西安冶金学院建筑系、西安冶金建筑学院建筑系，1996年更名为西安建筑科技大学建筑学院。自并校以来，建筑学院始终秉承中国现代建筑教育开创者们求真探索的执着精神和严谨务实的治学态度，自强不息，奋发拼搏，孜孜以求当代中国建筑教育之路。

第二节　中国建筑新八校

建筑类专业在高考报考中很长时间占有较高比例，其受到重视的原因主要是改革开放后我国经济发展迅速，促进建筑行业的快速发展，相关专业人才变得很抢手，在大学毕业生就业严峻的情况下，建筑学专业的就业情况乐观，但竞争也日益激烈，学生需不断提升自己的专业技能和综合素质。国内高校建筑类专业众多，除了有名的"建筑老八校"外，还兴起了"建筑新八校"，其中6所都是985高校，整体实力和建筑老八校不差上下。

一、浙江大学

浙江大学建筑工程学院现由土木工程学系、建筑学系、区域与城市规划系、水利工程学系组成。土木工程学科为国家重点一级学科,岩土工程、结构工程为国家重点二级学科,拥有土木工程、水利工程博士后流动站。学院设有国家级土建类虚拟仿真实验教学中心,土木水利工程、建筑与城规技术科学等2个校级实验中心,另有19个研究所(中心)。学院发端于1927年创建的土木工程学科,根植于吴钟伟、徐芝纶、钱令希、刘恢先、张树森、李恩良、潘家铮、曾国熙等老一辈学者奋勇开拓的学术沃土,人才辈出,精英荟萃,校友遍布海内外,为我国人才培养、科学研究和工程建设做出了重大贡献。90多年的发展和壮大,为建筑工程学院积淀了雄厚的教学、科研力量,铸就了崇尚科学、探索真理、汇聚大师、追求卓越的办学精神,形成了兢兢业业教学、踏踏实实研究、把握发展机遇、瞄准国际一流、服务国家建设的发展理念。学院明确以"学科建设为龙头、教学科研为中心、人才工程为基础、科研服务为支撑"的发展思路,立足于国家发展建设的实际,面向社会、面向世界、面向未来,开展科学研究、人才培养、服务社会、文化传承工作。

二、湖南大学

湖南大学建筑与规划学院可追溯至湖南高等学堂于1905年所设的土木学科。1929年,著名建筑学家刘敦桢、柳士英在湖南大学土木系中创办建筑学专业,是国内最早创办的建筑学专业之一。办学90余年,一直是我国建筑学专业的高端人才培养基地。1953年改为中南土木建筑学院,成为江南最强的土建类学科;1962年成为国务院授权的第一批建筑学专业硕士研究生招生单位;1996年首次通过专业评估以来,本科及硕士研究生培养多次获"优秀"通过;2011年获批建筑学一级学科博士授予权;2014年获批建筑学博士后流动站的单位;2019年获批国家级一流本科专业建设点。学院承岳麓书院千年文脉,续中南土木建筑学院学科基础,依托湖南大学综合性学科背景,适应全球化趋势及技术变革特点,着力培养创新意识、文化内涵、工程实践能力兼融的建筑学行业领军人才。

三、沈阳建筑大学

沈阳建筑大学始建于1948年,是一所以建筑、土木等学科为特色和优势,以工为主,工、管、理、文、法、艺术等多学科门类协调发展的省部级共建的高等学校。原隶属于国家建设部,2000年在国家办学管理体制调整中划归辽宁省管理,2010年成为国家住房城乡建设部与辽宁省人民政府共建高校。沈阳建筑大学建筑与规划学院具有40年的办学历史,遵循"求是创造"的办学思想,秉承"严谨治学、追求卓越"的办学理念,不断深化各项教育教学改革;夯实学科平台基础,促进"大建筑、大规划、大景观"协调发展,加强学科通识基础教育,厚基础、强能力、宽口径,积极推动多学科交叉;适应国家和地方社会经济发展和人才市场需要，突出可持续职业发展能力和智慧思维能力的培养，通过开放式教学，培养高素质、复合型、多样化的创新人才。学院拥有建筑学、城乡规划学、风景园林学3个一级博士点学位授权学科，3个一级硕士学位授权学科，设有建筑学博士后科研流动站。建筑学、城乡规划学为辽宁省一流重点建设学科，风景园林学为辽宁省优势特色学科。设有建筑学、城乡规划学、风景园林学3个本科专业，全部入选国家级一流本科专业建设名单。学院以"区域建筑学"为引领，以重大科研项目为抓手，以运维机制优化为保障，彰显了学科群的特色优势，从2008—2018年的十年间，学院师生承担了国家战略重大项目《辽宁沿海经济带发展规划——辽东湾新区的城市设计》，完成了战略研究、总体规划、城市设计、建筑设计、景观设计和专题研究等全层级、全专业、全过程设计任务300余项，集中体现了学院三个一级学科的办学思想和办学成效，取得了巨大的社会、经济和环境效益。近年获国际和国家级奖25项、省部级奖项40多项。

四、大连理工大学

大连理工大学建筑与艺术学院成立于2002年7月，其发展历史可以追溯到1949年大连工学院建校初期的土木系建筑工程专业组。1984年10月，成立建筑工程系；2002年7月，成立建筑与艺术学院，设建筑系与艺术系；2009年学院成立城市规划系，2011年成立工业设计系。学院现有建筑学、城乡规划、工业设计、环境设计、视觉传达设计、雕塑等6个本科专业，均为辽宁省一流本科教育示范专业，其中建筑学、城乡规划、工业设计、环境设计、视觉传达设计5个专业先后获批国家级一流本科专业建设点。建筑学、城乡规划专业以优秀成绩通过全国高等学校专业教育评估，建筑学、城乡规划学在学科评估中位列B档（全国11～15位次）。学院拥有建筑学博士后科研流动站，建筑学、城乡规划学两个一级学科博士授权点，均为省一流学科；拥有建筑学、城乡规划学、设计学3个一级学科硕士授权点和建筑、城乡规划、艺术3个专业硕士学位授权点。目前学院已经形成了以建筑学为龙头、兼顾工程技术与人文艺术的多学科专业平台。学院秉承大连理工大学优良校风，保持自身的办学特色，不断深化教学改革，加速学科建设发展，学习借鉴国内外优秀的建筑艺术教育，探索建筑学科与艺术学科发展的合理结构，努力建成与国际接轨、特色鲜明、国内一流的建筑艺术学院。

五、深圳大学

深圳大学建筑与城市规划学院源于1983年成立的建筑系，与深圳特区、深圳大学同步成长与建设。经过40余年的发展，学院已成为国内具有较强影响力的建筑院校。清华大学汪坦教授任首任系主任，奠定了"学、研、产"一体化的办学特色；早期系主任许安之教授培育建设了建筑学科的本科和硕士培养体系；

陈燕萍院长任期内，推动了建筑学和城乡规划硕士教育评估；特聘教授仲德崑院长引进孟建民院士和郭仁忠院士，完善了人居环境学科群体系，提升了办学层次；特聘教授范悦院长进一步加大教学和科研的改革创新力度，学科建设进入了有序发展、稳步上升的轨道。学院现下设建筑系、城市规划系、风景园林系、城市空间信息工程系，已建立了"本-硕-博"完整的人才培养体系，拥有博士后流动站。学院建筑学和城乡规划专业同时入选教育部"双万计划"国家一流专业建设点，并以优秀等级通过专业本科教育评估。建筑学专业先后获批广东省优势重点学科、名牌专业、重点专业建设点、教育部高等学校特色专业建设点。学院师资力量雄厚，形成了两个院士团队、三个特聘教授团队领衔的教学和科研团队。建设与城市地位相匹配的一流建筑学专业，是深圳大学的使命与责任。随着建筑学科边界的拓展，深圳大学建筑与城市规划学院正逐步构建建筑学、城市规划、风景园林和城市空间信息工程互相协同支撑的学科体系，并形成更为综合的人居环境学科群体系。

六、华中科技大学

华中科技大学建筑与城市规划学院由原华中理工大学建筑学院与原武汉城市建设学院规划建筑系于2000年5月合并组建而成。学院设有建筑学系、城市规划系、景观学系、设计学系4个系，建有建筑学、城乡规划学2个一级学科博士点，工程景观及室内设计2个二级学科博士点，有学术型学位和专业学位在内的8个硕士学位培养点，开设建筑学、城乡规划、风景园林、环境设计、数字媒体艺术5个本科专业；建有建筑学、城乡规划2个一级学科博士后流动站。学院拥有《新建筑》杂志社、光影交互服务技术文化和旅游部重点实验室、自然资源部城市仿真重点实验室、人力资源社会保障部绿色建筑设计培训基地、联合国教科文组织工业遗产教席、绿色建筑与城市湖北省实验教学示范中心、湖北省新型城镇化工程技术研究中心、数字光影技术湖北省工程研究中心、湖北省民族特色村镇研究与实训基地以及建筑设计和规划设计2个甲级设计院等学教研平台。近年来学院学科建设取得长足进步，在2016年全国第四轮学科评估中，建筑学、城乡规划学均排名全国第6（B+）。建筑学、城乡规划学入选"双万计划"国家一流本科专业，风景园林、环境设计入选"双万计划"省级一流本科专业。建筑学学科为湖北省重点学科，1986年获批建筑设计及其理论硕士点，具有国际认证的建筑学专业学位（BARCH及MARCH）授予权。2003年获批建筑设计及其理论博士点，2009年获批博士后流动站，2011年获建筑学一级学科博士学位授予权。在2016年全国第四轮学科评估中并列第六获得B+，2020年获批国家一流本科专业。城乡规划学科为湖北省重点学科和建设部重点学科，先后4次以优秀成绩通过城乡规划专业教育评估，被评为2007年中国大学工学本科114个城乡规划专业中的3个A++之一，2009年被评为湖北省品牌专业，2010年获批国家特色专业，2011 年获批一级学科博士点。第四轮学科评估全国并列第六获得 B+，2019 年获批国家一流本科专业。风景园林学科 2005 年获得全国首批风景园林硕士专业学位硕士点，2011 年获得全国首批风景园林一级学科硕士点，2017 年获得全国示范性风景园林专业的研究生联合培养基地授牌，2019 年获得湖北省首批一流本科专业。设计学学科为湖北省重点学科，2004 年获批硕士点，2014 年获批建筑学室内设计二级博士点，2009 年获教育部批准艺术设计人才培养模式创新实验区，2019 年获批湖北省数字光影技术工程中心，2020 年获批湖北省一流本科专业。学院积极发挥学科特长，服务国家重大战略需求，获得良好社会声誉和广泛影响。深度参与云南临沧、山西岚县等扶贫工作，两度获得教育部十大典型项目，获临沧扶贫先进单位（高校唯一）；出色完成建国 70 周年国庆湖北彩车"光耀湖北"彩装制作，打造点亮武汉"长江灯光秀"，极大提升了学院的社会影响力。

七、上海交通大学

上海交通大学建筑工程学院是上海交通大学历史最悠久、最具特色的学院之一，现更名为船舶海洋与建筑工程学院。学院发展始终与国家和民族命运休戚相关，在时代洪流中铿锵前行。学院前身可追溯到 1907 年，上海交通大学开中国之先河成立铁道科，6 年后定名为土木科。1943 年成立造船工程系；1958 年创建工程力学系；1985 年恢复建立土木建筑工程系；1992 年成立建筑工程与力学学院；1997 年成立国际航运系，并成立船舶与海洋工程学院；2003 年船舶与海洋工程学院同建筑工程与力学学院合并组建船舶海洋与建筑工程学院。学院拥有 4 个学科——土木工程、交通运输工程、力学、船舶与海洋工程，其中包括教育部 2 个"双一流"建设学科、2 个一级学科国家重点学科、3 个一级学科博士学位授予权点、2 个工程博士专业学位授权点、3 个博士后流动站。土木工程和船舶与海洋工程入选国家"双一流"学科。土木工程学科在 2023 年国内名列第 3 位；交通运输工程学科连续多年在软科世界一流学科排名中名列前 10；力学学科是国内高校力学专业最齐全的院系之一，综合实力位于国内前列；船舶与海洋工程学科在 2023 年软科世界一流学科排名中连续 7 年蝉联世界第一，并在历次学科评估中获评第一或"A+"。上海交通大学本身实力雄厚，再加上得天独厚的地理位置，资源平台广阔，毕业生就业前景很好。

八、南京大学

南京大学建筑与城市规划学院是一所以培养建筑设计、城市设计、城市与区域规划等领域高层次、领军型专业人才为办学目标的学院。学院现有建筑学和城乡规划学 2 个一级学科博士点和硕士点、建筑和城乡规划 2 个全日制专业硕士点，开设建筑学和城乡规划 2 个本科专业，拥有建筑学和城乡规划学 2 个博士后流动站。目前，建筑学、城乡规划均入选国家级一流本科专业建设点，均为江苏省品牌专业，建筑学入选江苏省卓越工程师教育培养计划；建筑学和城乡规划学均入选江苏省高校优势学科；在 QS "建成环境" 学科国际排名中进入前 100。学院以 "综合性、研究型、国际化" 为办学特色，在国内首开综合性大学中设立建筑学、城乡规划学科的先河，立足南京大学文、理、艺、工兼备的优势，顺应学科发展趋势，广泛开展基于多学科交叉的前沿性研究和实践，建构了宽基础、跨学科、多出口的专业人才培养体系，形成了公认以高质量研究著称的南大特色，教师人均科研成果、人均获得设计奖项均在国内同类院校中名列前茅。学院的人才培养模式、课程体系设置均与国际主流发展趋势接轨，设立了建筑学/城乡规划学国际硕士学位点，组建了面向未来人居环境的跨学科国际课程体系，与国际高水平院校建立了稳定的合作机制，国际交流活跃，与国际高水平院校合作共建了 "南京大学——剑桥大学建筑与城市合作研究中心" "南京大学中法城市·区域·规划科学研究中心" "南京大学——雪城大学绿色建筑与城市环境国际研究中心" "南京大学——以色列理工学院中以规划创新中心" 等合作交流平台，并发起成立了 "苏港澳高校未来人居科学与设计专业联盟"。今天，南京大学建筑与城市规划学院已成为中国最具国际声誉的建筑院校之一。学院正以 "建设第一个南大" 为目标，聚焦双一流建设，凝心聚力，奋进前行。

第三节　中国建筑类十二所著名普通本科高校

一、北京建筑大学

北京建筑大学源于 1907 年京师初等工业学堂，学校从成立之初就承载了 "兴学储才、实业报国" 的重任，开启了中国近代工业职业教育之先河。2013 年正式更名为北京建筑大学，是北京市和住房城乡建设部共建高校，也是北京地区唯一一所建筑类高等学校。学校现有 10 个学院和 1 个基础教学单位，现有一级学科博士学位授权点 5 个，博士专业学位授权点 1 个，博士后科研流动站 2 个，一级学科硕士学位授权点 14 个（含交叉学科门类下一级学科硕士学位授权点 2 个），自主设置交叉学科硕士学位授权点 1 个，专业学位类别硕士学位授权点 12 个，拥有北京高校高精尖学科 3 个（建筑学、土木工程、测绘科学与技术），第五轮学科评估中，龙头学科优势进一步提升，工科整体优势进一步凸显，70% 位列 B 档次。"工程学" "环境/生态学" "化学" 先后进入 ESI 全球排名前 1%，，现有 35 个本科专业，其中获批国家级、北京市级一流本科专业建设点 25 个，达到全部本科招生专业的 70%，11 个专业顺利通过工程教育专业认证或住建部专业评估，在全国建筑类高校中名列前茅。办学 110 余年来，学校始终以服务首都城乡建设发展为使命，为北京城市规划建设管理领域培养了大批优秀人才，提供了智力和科技支撑。

二、山东建筑大学

山东建筑大学创建于1956年，当时名为济南城市建设工程学校，隶属于国家城市建设部，是全国兴建的十所土建类学校之一，1958年更名为山东建筑学院，隶属于山东省人民政府。2006年正式更名为山东建筑大学，是住房城乡建设部与山东省人民政府共建高校。69年来，山东建筑大学始终坚持党的领导，坚持社会主义办学方向，落实立德树人根本任务，践行"厚德博学、筑基建业"校训，秉承"勤奋、严谨、团结、创新"校风，坚守"以人为本、自强不息、经世致用、造福桑梓"办学理念，坚持以工为主、以土木建筑学科为特色，工、理、管、文、法、艺、经、交叉8大学科门类互相渗透、协调发展，建设应用研究型大学。学校是全国唯一服务国家特殊需求绿色建筑博士人才培养高校，山东省唯一土建类专业全部通过国家专业评估（认证）高校，山东省首个国家产教融合项目实施高校。学校工程学、环境及生态学学科居ESI全球前1‰，拥有建筑学和土木工程2个山东省一流学科，建筑学列入山东省高水平"优势特色学科"建设学科。学校是全国建筑类高校就业联盟发起高校，毕业生毕业去向落实率多年保持在全省高校前列，用人单位对毕业生总体满意度达98%以上，毕业生对母校推荐度高于全国本科院校平均水平近20个百分点。山东建筑大学正向着对城乡建设有重大支撑、对区域发展有重要贡献的特色鲜明的高水平应用研究型大学奋斗目标勇毅前行。

三、青岛理工大学

青岛理工大学是一所以工为主，土木建筑、机械制造、环境能源学科特色鲜明，理工经管文法艺等学科协调发展的多科性大学。学校是国家首批地方高校"111计划"建设单位、全国首批深化创新创业能力培养教育改革示范高校、全国首批国家级创新创业能力培养教育实践基地、山东省首批高水平大学"强特色"建设高校。学校创建于1953年，先后隶属原重工业部、原冶金工业部，1998年划转山东省领导，实行"中央与地方共建，以地方管理为主"管理体制。先后历经山东冶金学院、青岛建筑工程学院时期，2004年更名为青岛理工大学。土木工程专业源于青岛礼贤中学1931年设置的高级工程科，1953年开始招收专科生，1978年改升为建筑工程本科并设立建筑工程系，1998年将建筑工程和交通土建工程等专业合并为土木工程专业，建筑工程系更名为土木工程系，2002年成立土木工程学院。土木工程是"泰山学者优势特色学科"、山东省"一流学科"和"高峰学科"建设学科，教育部第五轮学科评估B+级，位列山东省属高校第一，2024年软科"中国最好学科排名"前12%。学院现有土木工程一级学科博士学位授权点和博士后科研流动站、1个专业学位博士授权点、5个一级学科硕士学位授权点、3个专业学位硕士授权点、5个本科专业、1个中外合作办学项目。建筑与城乡规划学院历经建筑工程系建筑学教研室、建筑系、建筑学院、建筑与城乡规划学院四个阶段，建筑学专业创办于1988年，学制四年，隶属建筑工程系；1993年，成建制地从建筑工程系分离，成立建筑系；1997年创办城市规划专业；2002年4月更名为建筑学院；2006年创办景观建筑设计专业；2018年1月更名为建筑与城乡规划学院，下设建筑系、城乡规划系、风景园林系，拥有3个国家一流本科专业建设点：建筑学、城乡规划、风景园林；1个国家级特色专业建设点：建筑学；1个山东省重点学科：建筑学；1个卓越工程师教育培养计划学科专业：建筑学；3个一级学科硕士授权点：建筑学、城乡规划学、风景园林学；3个国家一流本科课程：建筑设计基础、中国建筑史、"义务编制村庄规划"创新创业实践；4个本科专业：建筑学、城乡规划、风景园林、建筑学（中外合作）。青岛理工大学直接支持国民经济重要支柱产业建筑业，全面服务山东省"重大基础设施建设、新旧动能转换、海洋强省、乡村振兴"战略，成为山东省城市建设领域最重要的人才培养基地。

四、南京工业大学

南京工业大学是由国家国防科技工业局、住房城乡建设部与江苏省人民政府共建的一所多科性大学。学校由原南京化工大学与原南京建筑工程学院于2001年合并组建而成。南京工业大学土木工程学科于1998年获批结构工程、岩土工程硕士学位点；2002年自主设置土木材料与工程博士点；2005年获批土木工程一级硕士点和岩土工程二级博士点；2009年获批建筑与土木工程领域（土木水利）专业学位硕士点；2009年获批土木工程博士后流动站；2010年获批土木工程一级学科博士点；共建力学一级硕士点和MEM工程管理硕士点。南京工业大学建筑学院的前身是南京建筑工程学院建筑系，创立于1985年5月，2001年，南京化工大学与南京建筑工程学院合并组建南京工业大学，建筑系更名为建筑与城市规划学院，2010年8月，学校对建筑与城市规划学院进行调整，成立建筑学院。学院现有建筑学、城乡规划2个五年制本科专业和风景园林、历史建筑保护2个四年制本科专业，拥有建筑学、城乡规划学、风景园林学3个一级学科硕士学位授予点（学硕），建筑学、城市规划2个专业学位硕士点（专硕），在土木工程一级学科博士点下自主设置绿色建筑技术与工程二级学科博士点，交叉设置智慧城市与智慧交通二级学科博士点。南京工业大学城市建设学院是于2015年4月根据学校学部制改革调整由原城市建设与安全工程学院暖通工程和原环境学院市政工程等优势学科交叉融合合并组建而成的，学院下设暖通工程系、市政工程系、实验教学中心等三个教学单位和暖通工程研究所、市政工程研究所两个科研机构，拥有江苏省高校公共安全与节能优势学科，供热、供燃气、通风及空调工程和市政工程 2 个博士学位授予点和 2 个硕士学位授予点，暖通工程和市政工程 2 个工程硕士领域；建筑环境与能源应用工程和给排水科学与工程等 2 个本科专业。南京工业大学顺应中国城乡建设发展模式转型，适应中国城乡建设从快速发展的增量建设模式转为存量模式的建筑业转型发展，以及国家加强文化遗产保护的重大决策要求，立足江苏，走向全国，对接世界，服务一带一路倡议的全球土木工程建设，奋力建设特色鲜明国内一流国际知名创业型大学。

五、安徽建筑大学

安徽建筑大学是安徽省唯一一所以土建类学科专业为特色的多科性大学，始建于 1958 年。学校是安徽省人民政府与住房城乡建设部共建高校、教育部本科教学工作水平评估优秀院校、博士学位授予单位、国家"卓越工程师教育培养计划"实施高校、国家节约型公共机构示范单位、全国大学生社会实践先进单位、省人才工作先进单位、省优秀教学管理集体、省就业工作先进单位、省普通高校毕业生就业工作标兵单位。学校现有 1 个土木工程博士后流动站、1 个土木工程一级学科博士学位授权点、12 个一级学科硕士学位授权点、14 个专业学位授权类别、8 个省级重点学科、3 个安徽省高峰学科，2 个高峰培育学科，工程学学科、化学学科进入 ESI 全球排名前 1%。土木工程、道路桥梁与渡河工程是国家级一流本科专业建设点，土木工程专业为国家级特色专业、教育部卓越工程师教育培养计划试点专业，于 2003 年被评为安徽省教改示范专业；结构工程、防灾减灾工程及防护工程分别于 2008 年、2012 年被列为安徽省重点学科；建筑学专业和城乡规划专业分别于 2007 年和 2008 年首次通过国家专业教育评估，是国内较早双双通过两大专业本硕评估的院校之一；城乡规划专业是国家级一流专业、国家级特色专业建设点；建筑学专业是省级一流专业、省级特色专业建设点；风景园林专业是省级高等教育振兴计划重点建设专业、省级卓越工程师培养计划实施专业。学校紧紧依托"大土建"学科优势，积极服务地方经济社会发展，凝练科研方向，在节能环保、城镇化与徽派建筑、城市更新与乡村振兴、智慧城市、城市管理、地下工程、公共安全、先进建筑材料等重点领域，形成了多个具有较大影响、特色鲜明的科研方向和学术团队。学校坚持"进德、弘毅、博学、善建"的校训，坚持"立足安徽、面向长三角、辐射全国、服务新型城镇化"的办学定位和"质量立校、创新领校、人才强校、特色兴校、依法治校"的办学理念，坚持走打好"建"字牌，做好"徽"文章的特色发展之路，求真务实，开拓进取，为建设国内一流、特色鲜明的高水平建筑大学努力奋斗。

六、天津城建大学

天津城建大学是天津市属普通高等学校，始建于 1978 年，其前身为天津大学第四分校，依托天津大学开办本科教育；1979年，更名为天津大学建筑分校，1987年，更名为天津城市建设学院，2013年，更名为天津城建大学。建筑学、城乡规划学、土木工程、材料科学与工程、管理科学与工程、环境科学与工程是天津市重点学科；城市规划、城市建设、生态城市、城市管理是天津市特色学科群；新型工业化装配式建筑、建筑工业化及智能建造、绿色低碳建材新技术、城市更新与空间治理、建筑与基础设施安全防灾、城市水资源化与智能水务是天津市高校服务产业特色学科群；土木工程、环境科学与工程入围天津市一流（含培育）学科；工程学、环境/生态学、化学进入ESI全球学科排名前1%。学校持续扩大国际"朋友圈"，深度夯实"一带一路"倡议，与27个国家的54所高校及科研院所建立了战略合作伙伴关系，搭建国际合作项目平台40余个，与澳大利亚高校联合建立"基础设施防护和环境生物技术联合研究中心""高性能土木工程材料与智能建造技术中澳联合研究中心"，与波兰高校合作建立"建筑绿色功能材料与技术中波联合研究中心""低碳比市政污水节能低碳治理中波联合研究中心"，在47年的办学历程中，学校坚持和加强党对学校工作的全面领导，全面贯彻党的教育方针，始终坚持社会主义办学方向，以立德树人为根本任务，以"发展城市科学，培育建设人才"为办学宗旨，秉承"依托行业，强化特色，质量为本，追求卓越"的办学理念，践行"重德重能、善学善建"的校训精神，在服务新型城镇化和城市现代化进程中，形成了"立足城建、紧贴行业、德能并举、培养适任敬业的复合型应用人才"的办学特色。

七、吉林建筑大学

吉林建筑大学是吉林省人民政府与住房城乡建设部共建的普通高等学校。学校前身是1956年国家城市建设部创建的长春城市建设工程学校，1960年升格为本科院校，更名为吉林建筑工程学院，2013年学校正式更名为吉林建筑大学。学校拥有11个硕士学位授权一级学科，10个硕士专业学位授权类别，其中土木工程为吉林省特色高水平"一流学科A类"学科；建筑学为吉林省特色高水平"一流学科B类"学科；材料科学与工程、管理科学与工程、环境科学与工程为吉林省特色高水平"优势特色学科A类"学科；环境/生态学、工程学学科进入ESI全球学科排名前1%。学校在严寒地区绿色建筑、松花江流域水环境治理与保护、建筑防灾减灾、城镇化建设规划、设施与不动产管理（FM）、建筑信息化协同设计（BIM）、历史建筑修复与利用等领域的研究处于国内先进水平，拥有"松辽流域水环境""寒地建筑综合节能"2个教育部重点实验室，43个省级科研平台，13个创新科技团队。学校先后与地方政府、行业协会和中交集团、中建集团等知名企业签署战略合作协议，在服务国家战略需求，支持地方经济社会发展中彰显担当作为。目前，学校已与美国、英国、俄罗斯等20多个国家和地区的高校与科研机构建立合作交流关系，在建筑学、工程管理、土木工程、电气工程及其自动化等专业举办本科层次中外合作办学项目，培养具有全球视野及国际竞争力的高层次国际化人才。学校是"一带一路"建筑类大学国际联盟首批发起单位，致力于服务"一带一路"共建国家城乡建设和推动大学间跨国界文化交流合作。

八、苏州科技大学

苏州科技大学是住房城乡建设部与江苏省人民政府共建高校，学校前身苏州科技学院于 2001 年 9 月由原苏州城市建设环境保护学院与原苏州铁道师范学院合并组建而成。原苏州城市建设环境保护学院为建设部直属院校，1983 年筹建（前身苏州建筑工程学校于 1953 年成立）。原苏州铁道师范学院为铁道部直属院校，1980 年成立（前身苏州铁路中学 1951 年筹建）。2000 年，两所学校的隶属关系同时划转到江苏省，实施"中央与地方共建，以地方管理为主"的办学管理体制。学校现有 3 个博士学位授权一级学科、19 个硕士学位授权一级学科、20 个硕士专业学位授权类别。在长期发展过程中，形成了城乡规划学、环境科学与工程、土木工程三大优势学科，"工程学""化学""材料科学"和"环境生态学" 4 个学科进入 ESI 前 1‰，其中"工程学"进入 ESI 全球前 5‰；9 个江苏省优势/重点学科，其中城乡规划学、环境科学与工程、土木工程连续 4 期入选江苏高校优势学科，连续 6 年入榜"软科中国最好学科排名"。学校土木工程学院始建于 1985 年，办学历史可以追溯到始建于 1953 年原建设部直属的苏州建筑工程学校，是学校教学和研究实力最强的学院之一，拥有土木工程一级学科博士学位和硕士学位授权点，有结构工程、防灾减灾工程及防护工程、岩土工程、桥梁与隧道工程等 4 个二级学科硕士学位授权点；有土木水利类别土木工程领域、交通运输和工程管理（MEM）三个专业学位硕士授权点。学校建筑与城市规划学院（原苏州城建环保学院建筑系）创设于 1985 年，由著名建筑与造园学家、建筑教育家张家骥担任首任系主任，现有建筑学、城乡规划、风景园林 3 个本科专业；建筑学、城乡规划学、风景园林学 3 个一级学科硕士点；建筑硕士、城乡规划硕士、风景园林硕士 3 个专业学位硕士点；以城乡规划学、建筑学为主要支撑的"城乡规划与管理学"学科群被列入江苏高校优势学科一期建设项目；城乡规划学被列入江苏高校优势学科二、三、四期建设项目；建筑学是"十三五"省重点（培育）学科、"十四五"省重点学科；风景园林学是"十二五"省重点（培育）学科、"十四五"省重点学科，学院实现省级优势重点学科全覆盖，城乡规划学、建筑学均通过了国家硕士研究生教育专业评估，在镇村规划设计、建筑遗产保护、绿色健康城乡、数字智慧技术等方向业已形成了学科特色和优势。学校坚持"立足长三角，服务全中国，辐射海内外"的办学定位，注重内涵建设，强化特色发展，提升办学实力，努力将学校全面建设成为特色鲜明、品质卓越的高水平教学研究型大学。

九、河北工程大学

河北工程大学是河北省重点骨干大学，河北省人民政府与水利部共建高校，河北省重点支持的国内一流大学建设高校，也是河北省文明校园，博士学位授予单位。学校由原河北建筑科技学院、华北水利水电学院邯郸分部、邯郸医学高等专科学校、邯郸农业高等专科学校于2002—2003年合并组建而成，学科专业齐全，工程特色鲜明。学校拥有1个博士学位授权一级学科（水利工程）、18个硕士学位授权一级学科、16个硕士专业学位授权类别，1个博士后科研流动站。水利工程为河北省一流学科建设项目优先支持学科，地质资源与地质工程、机械工程为河北省一流学科建设项目重点培育学科。工程学、材料科学2个学科进入ESI排名全球前1‰。学校土木工程学院起源于1953年成立的开滦建筑工程学校土建科，已经有70余年的办学历史，拥有土木工程工学硕士学位一级学科授权点、土木水利专业硕士学位授权类别，有土木工程、交通工程、工程力学、道路桥梁与渡河工程、城市地下空间工程等5个本科专业，拥有结构工程省级重点发展学科、大土木工程专业群建设省级教育创新高地。土木工程专业是国家级一流本科专业建设点、国家级特色专业建设点、教育部首批十八所CDIO工程教学模式试点专业之一，通过了工程教育专业认证；工程力学专业是省级一流本科专业建设点。建筑与艺术学院是学校的品牌特色学院之一，具有39年的办学历史，其前身是河北煤炭建筑工程学院建筑工程系建筑学教研室，1986年建筑学本科专业开始招生，1991年成建制地从建筑工程系分离，独立设置建筑学系，2004年改制为建筑学院，后更名为建筑与艺术学院。目前学院设有建筑学（五年制）、城乡规划（五年制）、风景园林（四年制）、环境设计（四年制）等4个本科专业，其中建筑学专业被教育部确定为国家一流本科专业建设点，城乡规划、环境设计被确定为省级一流本科专业建设点，拥有建筑学、城乡规划等2个一级学科硕士学位授予权、"建筑与土木工程"领域工程硕士学位授予权，建筑技术科学为河北省重点学科。河北工程大学建筑学专业还是教育部、财政部特色专业建设点，河北省特色品牌专业。学校积极服务地方经济建设，独立或参与各类建筑工程项目规划设计，参与国家城镇改造提升工程，成绩斐然，声名远播，备受地方政府的关注和社会的赞誉。学校全面贯彻党的教育方针，落实立德树人根本任务，牢记为党育人、为国育才初心使命，全面开启"二次创业"新征程，踔厉奋发，向着工程特色鲜明的高水平现代大学建设目标前进。

十、福建理工大学

福建理工大学是一所以工为主、理工融合，多学科协调发展的省属重点大学，是教育部首批"卓越工程师教育培养计划"试点高校、福建省一流学科建设高校、福建省一流应用型建设高校（A类）。学校办学历史悠久，发端于1896年清末乡贤名士陈璧、林纾、陈宝琛等创办的"苍霞精舍"，被《福建通志》记载为"教诸科学，为福州有学校之始"；1907年启办工业教育，是我国最早开展工业教育的学校之一；20世纪30年代为享有盛誉的"福建高工"；中华人民共和国成立后，发展为福建省培养机电、建筑行业技术和管理骨干的主要学校，被誉为福建省"机电工程师的摇篮"和"建筑业的黄埔军校"，学校随时代更迭几易其名，于2002年升格为福建工程学院，2013年获批硕士学位授予单位，2023年更名为福建理工大学。土木工程学院是学校历史最悠久的院系之一，其办学历史溯源于1908年公立苍霞中学堂开设的土木科，历经百余年的建设和发展，学院为建筑业，特别是福建省建筑业的发展培养了大批行业精英，设有结构工程、施工工程、岩土工程、路桥工程、地下工程、力学、制图、智能建造等8个教研室与1个实验中心，有土木工程、城市地下空间工程、道路桥梁与渡河工程、智能建造等4个本科专业，土木工程为国家首批一流本科专业、国家级特色专业，获批国家级首批本科专业综合改革试点和省级人才培养模式创新实验区；城市地下空间工程为福建省一流本科专业、福建省高等学校创新创业能力培养教育改革试点专业、福建省高等学校服务产业特色专业；道路桥梁与渡河工程为国家特设专业、福建省一流本科专业；智能建造为福建省首批新设专业；土木工程学科为省级重点学科、省一流应用型学科，拥有土木工程一级学科硕士学位授权点和土木水利专业硕士学位授权点，2024年获批审核增列且需加强建设的博士学位授权点。学校建筑与城乡规划学院前身为福建建筑高等专科学校城乡建设系，2002年8月组建福建工程学院后，成立建筑与规划系，2012年9月成立建筑与城乡规划学院，现设有建筑学、城乡规划、风景园林、历史建筑保护工程等4个本科专业，城乡规划学1个一级学科硕士学位授权点；城乡规划专业列为国家级一流本科专业建设点、福建省特色专业建设点、综合改革试点专业和高等学校服务产业（城乡居民服务业）特色专业，继2012年、2016年两次通过国家本科专业教育评估后，2020年又以"优秀"的评价再次通过国家本科专业教育评估；建筑学专业列为国家级一流本科专业建设点、福建省特色专业建设点、综合改革试点专业，2015年、2019年两次通过国家本科专业教育评估，建筑学列为省级应用型培育学科；风景园林专业列为福建省一流本科专业建设点；历史建筑保护工程专业是按国家标准设置的建筑类专业中特设专业，福建理工大学是全国第9所、福建省第1所开办本专业的高校。学校围绕立德树人根本任务，秉承"真、诚、勤、勇"校训精神，坚守应用型办学定位，着力培养创新型、应用型、复合型人才。

十一、河南城建学院

河南城建学院是一所以工科为主、以城建为特色的多学科协调发展的省属普通本科高校。学校前身是创建于1983年的平顶山城建环保学校和创建于1985年的武汉城建学院河南分院，1993年武汉城建学院河南分院更名为河南城建高等专科学校，2000年两校合并成立新的河南城建高等专科学校，2002年升格为本科院校并更名为平顶山工学院，2008年更名为河南城建学院，2021年，学校获批河南省"十四五"时期重点建设示范性应用技术类型本科高校，2024年，获批硕士学位授予单位。学校的工科优势突出，城建特色鲜明，先后通过教育部普通高等学校本科教学工作合格评估、本科教学工作审核评估，建筑环境与能源应用工程、工程管理、给排水科学与工程、城乡规划、土木工程、建筑学6个专业通过住房城乡建设部高等教育专业评估，测绘工程、土木工程2个专业通过工程教育专业认证，土木工程、工程造价（数字化建造方向）、城乡规划、电气工程及其自动化（智能输配电方向）、给排水科学与工程、建筑学、工程管理、建筑环境与能源应用工程、数据科学与大数据技术、测绘工程（智能测绘方向）、交通工程等11个本科专业为省内一本招生专业，拥有土木水利、资源与环境、材料与化工等3个专业硕士学位授权点，建有河南省水体污染防治与修复重点实验室、城镇先进环保技术河南省工程实验室、河南省城镇综合设计研究院、坝道工程医院河南城建学院分院等110余个科研创新服务平台，搭建了智慧建造产业学院、智慧城市行业学院、中原城乡设计学院、尼龙产业技术学院等行业（产业）学院10个。学校秉承"厚德唯实、博学慎思"的校训，弘扬"明德尚学，知行合一"的办学理念和"自强不息，追求卓越"的大学精神，以立德树人为根本，努力改革创新，推动转型提升，积极服务地方经济社会和行业发展，提高人才培养质量，提升服务行业和区域经济社会发展能力，奋力推进学校高质量发展，全面建设高水平城建大学。

十二、河北建筑工程学院

河北建筑工程学院创建于1950年，1978年成为国务院批准的首批具有学士学位授予权的院校，2013年成为硕士学位授予单位，是河北省文明单位，"一带一路"建筑类大学国际联盟和京津冀高校建筑科技协同创新联盟高校。河北建筑工程学院以工为主，以土木建筑学科为特色，工、管、理、文、艺多学科相互支撑、协调发展。现有建筑学、土木工程、计算机科学与技术3个一级学科学术型硕士学位授予点，土木水利、机械、电子信息、设计4个专业型硕士学位授权类别，46个本科专业，其中3个本科专业（土木工程、建筑学、建筑环境与能源工程）为国家级一流本科专业建设点，7个本科专业（工程管理、给排水科学与工程、计算机科学与技术、信息与计算科学、机械设计制造及其自动化、电气工程及其自动化、英语）为省级一流本科专业建设点。学校土木工程学院拥有河北省土木工程诊断、改造与抗灾重点实验室，河北省寒冷地区交通基础设施工程技术创新中心，河北省高校道桥结构健康监测与维修加固应用技术研发中心，河北省高校绿色建材与建筑改造应用技术研发中心，河北省住宅产业现代化技术研发中心，张家口市岩土工程技术创新中心，张家口市固体废弃物资源综合利用技术创新中心，建筑工程检测加固与节能、桥梁隧道及道路工程、抗震减灾3个研究所。学校建筑与艺术学院拥有城乡规划、建筑设计、建筑技术、艺术设计4个研究所，设建筑物理、建筑模型、造型艺术、材料与构造展示、空间信息技术与数字化设计、区域规划等6个实验室，紧密结合地域特点和发展需求，立足京津冀、面向全国，凝练了城市与建筑色彩研究、健康居住环境与空间研究、村镇建设与发展研究、绿色建筑设计技术研究，城市更新与建筑设计研究和基于虚拟环境的空间设计研究等特色鲜明的学科方向。目前，学校正深入实施"十四五"事业发展规划，为更好地服务京津冀协同发展等国家战略，助力经济强省、美丽河北建设，加快建成"国内知名、域内一流"的大学而努力奋斗。

第四章　建筑类高校大学生创业新机遇与创新创业能力培养新要求

第一节　建筑类高校学生创新创业能力培养新机遇

一、在校大学生创新创业优势

党的十八大以来,国家对高校创新创业人才培养做了很多战略性要求,其中,《国务院办公厅关于深化高等学校创新创业教育改革的实施意见》(国办发〔2015〕36号)、《国务院办公厅关于发展众创空间推进大众创新创业的指导意见》(国办发〔2015〕9号)等文件下发后,各省、直辖市人民政府相继出台了很多有关创新创业的政策性规定,各高校的此项工作如雨后春笋般蓬勃开展。每年,全国高校都会涌现出数以万计的大学生加入创新创业的大潮中。

而今,全国各大高校将创新创业能力培养教育纳入人才培养方案,列为必修课,至少计入2个学分考核,其目的在于加强学生的创新精神培养、创业意识培养、创新创业能力培养、创业实践探索培养,锻造学生的批判性和创新性思维。与此同时,高校通过建立校政、校企、校校、校所等多边育人模式,促进了新时代人才培养由学科专业单一型向多学科复合型转变,形成跨学科、跨院系、跨专业、跨校际的创新型人才培养新机制。

为鼓励在校大学生积极参与创新创业活动,根据《教育部关于推进高等教育学分认定和转换工作的意见》文件精神,高校要畅通学分认定和转换通道、推动各类高等学校之间学分认定和转换,具体来讲,大学生在校创业可享有以下政策支持:

(1) 高校设立合理的创新创业学分,建立创新创业学分积累与转换制度。

(2) 学生发表论文、获取专利、自主创业、开展创新实验等成果,学校可以折算成学分;对学生参与课题研究、项目实验等活动可认定为课堂学习。

(3) 学校为有意愿、有潜质的学生制订创新创业能力培养计划,建立创新创业成绩单和档案,客观记录并量化、评价学生开展创新创业活动情况。

(4) 学校对创新创业学生实行弹性学制,可放宽其修业年限,允许其调整学业进程,保留学籍休学创业。

(5) 优先支持创新创业学生转入相关专业学习。

（6）各校还可以根据校情学情，将学生参加社团活动、社会活动、青年志愿者活动、各类技能大赛获得的奖项、获取的相关技能等级证书及职业资格证书等转换为（选修课）学分。另外，高校毕业生（含大学专科、大学本科、研究生）从事个体经营的，自批准经营之日起，1 年内免交个体户登记注册费、个体户治理费、经济合同示范文本工本费等。此外，假如成立非正规企业，只需到所在区县街道进行登记，即可免税 3 年。

（7）自主创业的大学生，向银行申请开业贷款担保额度最高可为 7 万元，并享受贷款贴息。

① 大学毕业生做个体户一年免 5 项收费；

② 大学生自主创业免费存档 2 年；

③ 只需凭借身份证及大学学生证即可创办企业；

④ 免费风险评估、免费政策培训、无偿贷款担保以及部分税费减免；

⑤ 低息贷款；

⑥ 大学生、研究生可以休学保存学籍创办高新技术企业；

⑦ "彩虹工程"将通过多种方式扶持大学生创业带头人；

⑧ 申请"自主创业证"将提供三大优惠政策：优先受理，优先办照并简化登记手续；申请从事小规模私营企业的，实行试办期制，试办期间，免收注册登记费、变更手续费、年检费；减免企业所得税。此外，还享受贷款担保，贷款金额一般在 2 万元左右。此证在 3 年内有效。

二、乡村振兴为建筑类高校学生的创新创业能力培养提供发展机遇

在 2021 年 2 月 21 日，中共中央、国务院发布了《关于全面推进乡村振兴加快农业农村现代化的意见》，这是 21 世纪以来第 18 个指导"三农"工作的中央一号文件。文件指出，民族要复兴，乡村必振兴，要坚持把解决好"三农"问题作为全党工作重中之重，把全面推进乡村振兴作为实现中华民族伟大复兴的一项重大任务，举全党全社会之力加快农业农村现代化，让广大农民过上更加美好的生活。文件中强调要大力实施乡村建设行动，指出要加强乡村公共基础设施建设，继续把公共基础设施建设的重点放在农村，加快县域内城乡融合发展，推进以人为核心的新型城镇化，促进大中小城市和小城镇协调发展，深入推进农村改革。

从文件中可以看出国家想要解决好"三农"问题的决心，文件中指出要大力实施乡村建设行动，这给建筑类高校学生的创业带来了新的发展机遇，作为具有建筑行业优势的建筑类高校学生，他们的专业优势明显，专业特色突出，在国家实施乡村建设行动中优势鲜明，这为建筑类高校学生创业拓宽了新路径，同时也对建筑类高校开展的创新创业能力培养教育提出了新要求。

三、新型城镇化的推进为建筑类高校学生创新创业能力培养提供了契机

2020年5月22日，李克强总理在《政府工作报告》中提出"加强新型城镇化建设，大力提升县城公共设施和服务能力""深入推进新型城镇化""促进房地产市场平稳健康发展，完善便民、无障碍设施，让城市更宜业宜居"。

在"十四五""十五五"时期，我国的新型城镇化进程仍然将保持相对快速的发展速度，随着新型城镇化进程的加速推进，城镇要不断地进行改造升级，这就增加了很多城镇基础设施投入和工程建设投入。国家深入推进新型城镇化建设，也为建筑类高校学生的创业提供了一定的契机，国家的建设离不开高素质的人才队伍，而建筑类高校作为培养建筑行业高端人才基地，其学科优势和行业优势较明显，建筑类高校的学生要抓住机遇，找准合适契机进行创新创业，为国家新型城镇化的推进贡献力量。与此同时，这也对建筑类高校创新创业能力培养教育的改革和发展提出了新挑战和新要求，高校要不断地提高创新创业能力培养教育水平，为建筑行业输送更多的创新型人才。

第二节　建筑类高校大学生创新创业能力培养的必要性

一、建筑类高校大学生个人成长成才的现实需要

建筑类高校大学生相比于其他类型的学校的大学生来说，有其独特的地方，比如他们有更明确的职业定位，倾向于从事工程建设与管理、房地产开发、建筑设计与管理、古建筑保护与传承、城乡规划、风景园林、桥梁、隧道、土木工程工作，因此创新创业能力培养更突出培养建筑类高校大学生的创新创业意识以及敬业、实践、创新与合作的能力，以期他们在未来的职业道路中有更高的综合能力和更强的适应能力。随着世界进入知识经济时代，社会对人才的要求越来越高。当今社会要求人才不仅有某一方面的专长，还要具有复合型知识。建筑类高校大学生不应只强调专业知识与技能的提高，还应强调团队合作能力的培养、实践能力的提升以及职业道德培育等。基于建筑类高校大学生个人成长成才的现实需要，建筑类高校应该顺应时代的潮流，不断改革创新大学生创新创业能力培养，培养大学生创新创业能力，为大学生提高自我、发展自我提供更多的可能性。因此，大学生创新创业能力的培养对大学生个人成长成才是十分必要的。

二、建设创新型国家的时代需求

我国正处于转型升级的关键时刻，需要大量创新型人才加入祖国建设中来。

当今社会对建筑类人才的需求与高等建筑教育的发展是失衡的。当今社会以及未来社会需要的建筑类人才是理论与实践能力兼具，且具有创新意识的复合型建筑类人才。建筑类高校大学生作为未来国家经济建设的重要力量，不断提高自身的创新创业能力是时代的需要。创新创业能力培养强调培养建筑类高校大学生的创新创业意识和勇于挑战的创新能力，鼓励他们将创新的想法付诸实践。通过创新创业能力培养，可以提高建筑类高校大学生的创新意识，培养他们的创新思维，培育出未来建设创新型国家的中坚力量。

三、知识经济时代，培养高素质创新型人才的切实需求

新一轮的科技革命将成为全球大发展的新契机，在这场科技革命的浪潮中，无论是发达国家还是发展中国家，谁把握了机遇谁就能掌握新的发展引擎。于中国而言，要实现中华民族伟大复兴的历史使命，掌握新一轮科技革命的战略机遇无疑是关键的一跃。这需要全社会形成合力，科技界、教育界，乃至全社会都应认真审视和思考这一重要的问题。在这场科技革命中，创新型人才的推动作用就显得尤为突出和重要，因而教育作为开发人力资源的主要途径，其战略地位也就不言而喻。

说到底，未来世界发展呈现的趋势是靠人才的竞争。大学生是我国经济社会建设的中流砥柱。国家对培养创新创业人才作出重要部署：在新形势下深化高校创新创业能力培养教育，加强大学生创新精神和创业能力的培养，努力造就数以万计的高素质劳动者和专门人才以及一大批拔尖创新人才，确保高等教育培养的人才具有创新创业能力并且符合经济社会发展所需，确保我国不与这次难得的机遇失之交臂，具有深远的战略意义。

简言之，培养创新创业人才是适应世界科技革命、促进经济社会发展的迫切需要，是建设人才强国、提升国家核心竞争力的迫切需要。

四、实施创新驱动发展战略和人才强国战略的迫切需要

继党的十七大提出"提高自主创新能力，建设创新型国家"和"促进以创业带动就业"的发展战略之后，实施创新驱动发展战略被提上国家发展战略日程，并要求加大创新人才培养支持力度、支持青年创业、提升劳动者创业能力。党中央的这一系列战略部署，是从全面建成现代化社会的战略高度，基于对我国当前和未来加快转变经济发展方式适应经济发展新常态的重大战略需求，基于对世界科技发展新趋势的深刻认识做出的，标志着我国从要素驱动向创新驱动发展转变，也就标志着推进创新创业能力培养教育、培养创新创业人才上升为了国家战略。

五、以创业带动就业,促进高校毕业生多渠道就业的需要

经济总量和经济效益的增长可以说是创业对国家经济增长较为直观的贡献,同时,在促进经济提质增效、改善就业、创造新的就业岗位、推动技术创新和促进社会资源分配公平上,尤其在推动国民素质改善的方面,创新创业也发挥着其独特的价值。

党的十八大报告中提到促进创业带动就业,做好以高校毕业生为重点的青年就业工作。到之后的一系列中央文件,涉及创新创业的共有 22 份,从推出一系列针对大学创业者的优惠政策,到资金和项目的倾斜,可见着力促进创业就业能力培养,以创业带动就业将成为未来几年就业工作的一大重点。

2025 年,我国的高校毕业生总规模将达到 1222 万人之多,一年又一年的"最难就业季"冲击着毕业生的神经,面临严峻的就业形势,转变就业观念,变被动就业为主动创业,是改变自身处境的一个有效途径。高等教育应适应经济社会发展的客观需求,实施大学生创新创业能力培养引领计划,支持大学生到新兴产业创业,加强就业指导和创新创业能力培养,为学生提供高效优质的创新创业就业指导和信息服务,是真正落实高校毕业生就业工作的重要举措。

六、顺应高等教育改革发展,实现教育现代化的重要内容

进入 21 世纪以来,世界各国的高等教育都在围绕"培养什么样的人才""提供什么样的教育"这些问题进行对策研究和分析。高校创新创业能力培养正是在这种背景下顺应高等教育综合改革趋势提出的。十八大报告中对教育领域的要求为我国高等学校深化教育教学改革,提高教育教学质量和人才培养质量指明了方向。

高等学校应以此为己任,全面推进创新创业能力培养,引导大学生把创新创业能力培养作为实现人生价值的优先选择,进一步提高大学生的服务适应能力,积极应对未来世界的严峻形势。

七、大学生完善自我需要、实现个性发展的客观要求

一方面,大学生是蕴含巨大创新创业潜力的群体之一,高校应重视对大学生群体创新创业价值的开发。另一方面,随着改革开放的深入和市场经济的发展,对人才需求多样化的同时,学生对高等教育学习需求的差异性、多变性、选择性日益增强,个性化成为比较显著的特点。在大众创业、万众创新的浪潮中,很多敢为人先的创业主体都是个性鲜明的新一代大学生,在很大程度上拥有创新创业情怀和热情,希望通过创新创业实现自我理想和抱负,追求自我社会价值的实现。但每位创业者的动机和初衷却又不尽相同,有些大学生希望得到创业实践的

指导，有些则缺乏理论认识。

高校创新创业能力培养应以这种多样化、个性化的学习需求为发展的动力，切实深化创新创业能力培养改革，这也是高等教育以人为本、促进学生全面发展的体现。

第三节 建筑类高校创新创业能力培养新要求

乡村振兴战略和新型城镇化的不断推进，不仅为建筑类高校学生的创新创业带来了新的机遇，同时也对建筑类高校创新创业能力培养的发展提出了新要求。

一、立足学科优势，加强行业联系

在长期服务于建筑行业的进程中，建筑类高校形成了较为鲜明的行业优势，从可持续发展的角度来看，建筑类高校不仅仅要突出办学特色，还要走在建筑行业的前面，从服务建筑行业到引领建筑行业的发展，而建筑类高校一个重要的发展方面就是开展创新创业能力培养，这也给建筑类高校带来了一定的挑战，要求学校要立足学科优势，加强行业联系。

建筑类高校要充分发挥自身的学科优势，最大限度地优化和整合优势学科的教学资源，为学校创新创业能力培养发展创造更加有利的条件，以优势学科为突破口，促进学校创新创业能力培养的全面发展。同时，建筑类高校开展创新创业能力培养也应该立足于建筑行业，加强与建筑行业的联系，不应该脱离建筑行业而"闭门造车"，这既不利于建筑类高校创新创业能力培养的发展，也不利于建筑专业的发展。

二、加强学生的创新能力的培养

建筑行业有别于其他行业，具有一定的独特性，不仅对学生的建筑专业水平要求较高，而且还需要学生具备较强的创新能力，例如，对于建筑行业的工程设计或建筑设计来说，就应该具有自身独特的艺术感染力，每一种建筑都应该是独一无二的，这才是建筑的精髓，这就需要建筑类高校的学生打破传统观念的束缚，拥有较强的创新能力。

所以，建筑类高校应该注重培养学生的创新能力，帮助学生开拓新的思维方式，为建筑行业创造出新颖的成果和作品，这样不仅有利于促进建筑行业的发展，而且还能够激发学生的创新潜能，这也是创新创业能力培养的目标所在。高校进行创新创业能力培养并不一定需要学生都进行创业活动，而是需要提高学生的创新能力，这也是学生自身发展所需的一项基本素养。

三、注重学生的人文修养的提高

创新创业并非一朝一夕，而是一个渐进的过程，也不是单一专业知识就能解决创新创业中面临的所有问题。创业就像生活一样，涉及方方面面的各种知识。对于建筑行业来说，它需要多学科的知识交织在一起，内容包罗万象，除了建筑专业知识以外，还需要学生具备较高的人文修养，例如历史知识、自然知识、艺术知识，还要能够涉猎世界各地的名胜古迹、风土人情、文化历史、风俗习惯等一系列人文知识。

因此，建筑类高校在开展创新创业能力培养时，要加强培养学生的人文修养，这种人文修养并不是听几次创新创业能力培养课程就能具备的，要注意与其他学科相联系，把专业教育与创新创业能力培养相融合，教师应在课堂上潜移默化地培养学生这种人文素质，以应对学生在创新创业能力培养中遇到的各种难题。

第五章 建筑类高校大学生创新创业能力培养现状调查及问题分析

第一节 本课题研究的建筑类高校范围

"青年强则国家强"。我国历来非常重视大学生能力的发展培养,明确提出大学生创新创业能力培养方针并具体实施,取得良好的成效。随着全球化、信息化快速发展,以及中国特色社会主义市场经济的全面推进,1998 年为适应新世纪对人才竞争需求及市场经济的发展趋势,各高校陆续引进创新创业竞赛及培养模式,大学生创新创业能力培养也于 20 世纪 90 年代末正式起步。

1998 年,教育部发布《高等学校本科专业设置规定》,对本科专业进行评估,人才培养方案进行大调整。在此背景下,建筑类高校领头羊——清华大学率先引进国外的创新创业教育理念、竞赛、课程等,对在中国高等教育中融入大学生创新创业人才培养进行了初步尝试和探索,在全国形成了良好的发展态势。随着清华大学成功引进创新创业,这一人才培养新模式也逐渐引起各高校的重视,各高校着手通过开展创新创业相关竞赛、课程乃至建设实践基地、科技园等发展创新创业教育并对其积极宣传,相关管理机制也向其倾斜,高校创新创业能力培养发展迅速,并在国内初具规模。

清华大学以立德树人为育人根本,以全面培养人才能力为核心,在实践中确立了价值塑造、能力培养、知识传授"三位一体"的教育理念,培养学生具有坚定意志、坚实基础、创新思想和社会责任感。学校设立了以全面提升大学生能力为培养重点的人才培养方案,增加培养学生实践能力、品德行为、心理素质的学分考核,且更加重视大学生的思想品德、信仰追求等顶层设计,使大学生的理想信仰、品德行为等方面的意志力有很大提升。清华大学充分发挥教育课程的主渠道作用,在知识传授和能力培养的基础上进行价值塑造,在教学活动中加强时代感和互动性,如:"科学发展,成才报国""行健新百年,共筑中国梦"等主题教育活动,引领青年学生形成追求人生目标的意志力。清华大学不断提升教师的业务水平和品德修养。清华大学的大学生创新创业能力培养模式已成为全国高校大学生创新创业能力培养的标杆。

本书主要从高校大学生创新创业能力培养的视角出发,以建筑类高校为切入点,选出了具有一定代表性的建筑类高校(现在都是地方高校,尽管大多数高校与住房城乡建设部共建,但以地方建设为主,高校费用来源都是地方财政拨款)。这些与城乡建设紧密相联的建筑类高校,20世纪末就开始了对大学生创新创业人才培养模式的探讨,通过一系列改革实践,形成了具有自身特色优势的大学生创新创业能力培养模式。本书通过对部分建筑类高校的深入调研,用真实的资料进行分析,从实践中归纳总结出其成功经验。同时,由于大学生创新创业能力的培养非一蹴而就,其能力建设方面还存在着挑战和不足,通过分析其面临的困境和问题,力争从个别上升到一般,为补齐大学生创新创业能力培养的短板提供进一步完善的对策建议。

第二节 调研情况

一、调研的重要性

随着乡村振兴战略和新型城镇化的不断推进,建筑行业得到了快速发展,迫切地需要拥有较丰富的专业知识和较强的工程能力的建筑行业创新型人才,而建筑类高校天然地具有建筑行业的背景,加强建筑类高校大学生创新创业能力培养具有一定的必要性,要把建筑类高校大学生创新创业能力培养与建筑行业的发展需求紧密结合。我国建筑类高校大学生创新创业能力培养的发展在理论和实践上都取得了较好效果,但是并未从本质上有所改变,因此本书以建筑类高校为切入点,以实地观察、调研获得的资料作为重要的研究基础,以搜集的相关文献资料,以及实地调研的资料为研究对象,通过整理,进行统计分析,探寻和总结当前建筑类高校大学生创新创业能力培养存在的问题与发展路径,促进建筑类高校大学生创新创业能力培养的发展。

二、调研目的

通过对建筑类高校学生和教师的调查研究,分析出相应的数据结果,以便掌握建筑类高校所开展的创新创业教育基本情况,了解当前存在的问题,并探讨其问题的成因,按照理论与实际相结合的原则,提出适用于建筑类高校创新创业教育发展的路径,提高学生创新意识以及创业能力。这样一方面能够帮助学生在未来的就业中获得较为广阔的前景,另一方面还能帮助学生进行创业活动,同时还可以促进社会经济的发展。

三、调研选取的方法

笔者于2024年5月至2025年1月,多次到建筑类高校进行调研,先后实地调研了安徽建筑大学、山东建筑大学、北京建筑大学、沈阳建筑大学、吉林建筑大学、天津城建大学等建筑类高校，采取了访谈调研与调查问卷相结合的方式，对 6 所建筑类高校大学创新创业能力现状进行调查研究，在对现有文献进行研究后，以习近平新时代中国特色社会主义思想为指导，以大学生创新创业能力的四个维度，包括追求人生目标的意志力、学习与分析能力、综合实践能力、社会性能力为核心，结合高校创新创业教育"八个层面"，包括人才培养理念、人才培养方案、课程体系、实践教学、大赛竞赛、管理制度、师资队伍建设、校企合作多方面综合设计问卷。问卷共设计了 24 个题目，其中包括 22 个选择题以及 2 个填空题，以乱序的方式呈现给被调查者，最大程度地避免被调查者思维被引导，以求得最真实可靠的调查结果。问卷主要包括三个方面：

（1）大学生的基本情况；

（2）高校创新创业能力培养情况（"四个维度"能力及培养环节"八个方面"的情况）；

（3）对大学生创新创业能力培养的建议。

该问卷具体内容如下：

建筑类高校大学生创新创业能力培养研究问卷调查

同学您好！我们是安徽建筑大学建筑与城乡规划学院副教授张为老师和经济与管理学院副教授宁宁老师，为深入调研建筑类高校大学生的创新创业能力，即意志力、社会性能力、学习与分析能力、综合实践能力的具体情况，及了解发现学生在创新创业能力培养的人才培养理念、人才培养方案、课程体系、实践教学等八个方面的存在问题，我们设计了建筑类高校大学生创新创业能力培养研究问卷调查，希望您能抽出宝贵时间参与此次问卷调查，衷心感谢您的支持！以下是问卷部分：

第一部分：基本情况

1. 您的性别是：A. 男 B. 女
2. 您的民族是：A. 汉族 B. 其他民族
3. 您的政治面貌是：A. 中共党员（含预备党员） B. 中共团员 C. 其他
4. 家庭户口类型：A. 城市户口 B. 农村户口
5. 您是否为独生子女：A. 是 B. 不是
6. 您父母的文化程度为：

	A. 初中及以下	B. 高中或中专	C. 大专及以上
父亲			
母亲			

7. 您的家庭月收入为：A. 5000 元以下 B. 5000～10000 元 C. 10000 元以上

8. 您的年级为：A. 大一　B. 大二　C. 大三　D. 大四　E. 研究生

9. 您的专业类别是：A. 文科　B. 理科　C. 工科　D. 其他（包括体育类、艺术类等）

第二部分：建筑类高校大学生创新创业能力培养情况

10. 您认为参与创新创业有什么好处？（多选）

    A. 锻炼自己的能力

    B. 更好地实现人生价值

    C. 可以作为评优、保研的加分项

    D. 可以赚大钱

    E. 有利于以后的就业

    F. 不用给别人打工，实现工作自由

    G. _____

11. 面对各种困境，您是否能够坚持努力克服？

    A. 比较能够坚持克服　　　B. 一般

    C. 比较容易放弃

12. 您平时学习时会努力寻找解决问题的新方法吗？

    A. 经常　　　B. 偶尔　　　C. 很少　　　D. 完全没有

13. 您在生活、学习和创新创业中能灵活运用知识吗？

    A. 经常　　　B. 一般　　　C. 很少

14. 您能快速掌握专业的实验实训操作技能吗？

    A. 能比较快掌握　B. 一般　　　C. 需要较多时间掌握

15. 您能否在创新创业中实现有效沟通和合作？

    A. 比较容易　　　B. 不确定　　　C. 比较困难

16. 您毕业后更倾向于从事什么工作？

    A. 比较稳定的工作　　　B. 具有挑战性的工作

    C. 自主创业

17. 您能够应对创业过程中的社会风险吗？

    A. 能较好地应对社会风险　　　B. 不确定

    C. 没有足够能力应对

18. 您觉得学校的专业课与创新创业课的内容结合紧密吗？

    A. 结合非常紧密　　　B. 有结合，但是结合较少

    C. 几乎没有结合

19. 您觉得学校老师课堂教学的启发性如何？

    A. 启发性不够　　B. 启发性一般　　C. 启发性较好

20. 您是否了解创新创业教学管理各部门的职能与关系？

    A. 不太了解　　　B. 一般了解　　　C. 比较了解

21. 您认为学校与企业的创新创业合作程度如何?
A. 合作程度较大　　B. 合作程度一般　　C. 合作程度不够
22. 您的创新创业资金来源?（多选）
A. 学校创新创业基金　　　　　　B. 政府创新创业基金
C. 银行贷款　　　　　　　　　　D. 家庭支持
E. 众筹　　　　　　　　　　　　F. 其他
23. 您最希望政府对大学生创业采取哪些积极措施?
A. 支持　　　　　B. 反对　　　　　C. 随便
24. 您认为建筑类高校大学生创业成功概率有多大?
A. 成功概率大　　　　　　　　　B. 成功概率非常小
C. 不知道
25. 您认为所学专业与创业的关系有多大?
A. 有关系　　　　B. 没有关系　　　C. 不知道
26. 您对创新创业课程改进方面有什么建议：
_____
27. 您对创新创业实践的建议：
_____

在对安徽建筑大学、山东建筑大学、北京建筑大学、沈阳建筑大学、吉林建筑大学、天津城建大学6所建筑类高校进行资料查阅整理的基础上，从基于科学人才观指导的创新创业人才培养理念、人才培养方案、课程体系、实践教学、实习实训基地建设、创新创业大赛、开放教育培训、师资队伍建设等方面对6所建筑类高校创新创业能力培养进行访谈提纲的编写（《建筑类高校大学生创新创业能力培养现状访谈提纲》），并对负责相关创新创业能力培养的相关老师进行访谈，尤其是对教务处、学生工作处的老老师进行访谈，获取了研究资料，为本书提供重要支撑。《建筑类高校大学生创新创业能力培养现状访谈提纲》具体内容如下：

建筑类高校大学生创新创业能力培养现状访谈提纲

1. 访谈目的

了解建筑类高校近10年来的创新创业措施、取得的成绩及目前面临的困境与存在的问题。

2. 访谈方式

面对面访谈。

3. 访谈对象

教务处、学工部、团委、招生就业处、土木工程学院、建筑与城乡规划学院、环境与能源工程学院、理学院、经济与管理学院、马克思主义学院等6个学院及管理部门的相关老师，部分学生家长。

4. 提问提纲

（1）访谈开场语

您好，我们是安徽建筑大学建筑与城乡规划学院副教授张为老师和经济与管理学院副教授宁宁老师，现在在写关于建筑类高校大学生创新创业能力培养的专著，想对您进行一个专项访谈。本次访谈主要通过问答形式进行，为保证访谈的有效性，请真实地回答每个问题，接下来，我们就开始吧！

（2）访谈对话

① 您在大创办主要负责的工作内容是什么？
② 您是怎样理解大学生创新创业的？
③ 您可以介绍一下目前本校大学生创新创业教学管理的体制吗？
④ 您能列举一些具有代表性的本校大学生创新创业的项目吗？
⑤ 您能列举一些本校实施的创新创业的具体措施吗？
⑥ 您能列举一些大学生创新创业取得的成绩吗？
⑦ 您认为本校创新创业有哪些方面需要改进？
⑧ 您认为本校大学生现在的创新创业能力如何？
⑨ 您认为本校大学生哪些创新创业能力需要提高？
⑩ 您支持子女在大学期间创业吗？
⑪ 您认为子女在大学期间创业成功的概率有多大？
⑫ 您会给子女在大学创新创业实践提供财政支持吗？

四、问卷发放及调查对象基本情况

为了使调查取样具有可信度，笔者采取分层随机抽样的方法，对建筑类高校本科生（包括大一、大二、大三、大四）及研究生进行调查，样本的年级分布及专业类别较为全面，专业分布在理工、经管、人文、法律等专业，样本结构较合理。本调查利用线上问卷系统，共发放问卷1800份，每个建筑类大学发放问卷300份，回收1800份，其中有效问卷1716份，问卷有效率为95.33%。

在回收的1716份有效调查问卷中，根据数据制成调研样本的基本情况表，被调查者的基本信息如表5-1所示。从统计结果可以看出，本次调查的男性比例略高于女性，体现出建筑类高校的理工科为主的特色，特别是建筑类工科专业人数接近一半，各年级取样人数均匀，专业结构占比与建筑类高校的专业结构比例相近，说明本次调查可信度较高。

表5-1 样本基本情况

内容	选项	人数/人	百分比/%
性别	男	986	57.46
	女	730	42.54

续表

内容	选项	人数/人	百分比/%
专业	工科	852	49.66
	理科	278	16.20
	文科	402	23.43
	其他（包括艺术类、体育类等）	184	10.72
年级	大一	348	20.28
	大二	404	23.54
	大三	417	24.30
	大四	365	21.27
	研究生	180	10.61

五、建筑类高校大学生创新创业能力培养采取的具体措施

（1）全面发展创新创业能力培养理念

6所建筑类高校坚持以德为先、全面发展的创新创业能力培养理念，紧紧围绕培养全体学生的社会责任感、创新精神、实践能力"三位一体"目标，构建更高水平的创新创业人才培养体系。在培养大学生创新创业能力方面特别注重：①培养求知欲。学而创、创而学是创新的根本途径；青年要具备勤奋求知精神，不断地学习新知识，才能在自主创新中发挥生力军作用。②培养好奇欲。将蒙昧时期的好奇心向求知时期的好奇心转化，这是坚持、发展好奇心的重要环节。要对自己接触到的现象保持旺盛的好奇心，要敢于在新奇的现象面前提出问题，不要怕提出的问题简单，不要怕被人耻笑。③培养创造欲。不满足于现成的思想、观点、方法及物体的质量、功用，要经常思考如何在原有基础上创新发明、推陈出新，大脑里经常有"能否换个角度看问题？有没有更简捷有效的方法和途径？"等问题浮现。④培养质疑欲。学起于思，思源于疑。有疑问才能促使学生去思考，去探索，去创新。因此，要鼓励青年大胆质疑，提出多种解决问题的方案及最佳方法；从多角度培养青年的思维能力，激励青年创新；鼓励青年提问，大胆质疑，是培养青年创新意识的重要途径；提出问题是取得知识的先导，只有提出问题，才能解决问题，从而认识才能前进；一定要以锐不可当的开拓精神，树立和提高自己的自信心，既要尊重名人和权威，虚心学习他们的丰富知识经验，又要敢于超越他们，在他们已进行的创造性劳动的基础上再进行新的创造。创业知识与实践广泛存在于大学生的学习、生活视野中，只要善于学习，总能找到施展才华的途径，但在信息泛滥的社会里，"去粗取精，去伪存真"也是很重要的。善于学习和总结永远是赢者的座右铭。6所建筑类高校倡导"大思政"的教育思想，拓展思想政治课程的范围和深度，贯穿教育的全过程，注重将思想政治教育

融入专业学习及创新创业教育中，在专业课程过程中融入思想政治教育内容，同时设立一些具有特色的思想教育专题课程，如：职业生涯指导、新生入学指导、创新创业指导、二十大专题等，通过全方位的思想政治教育熏陶大学生的思想，在学习过程中自觉培养追求人生目标的意志力、责任担当意识等。

(2) 追求实现全面发展的创新创业人才培养方案

为了切实提高高校学生的创新创业能力，培养创新意识，首要任务就是优化创新创业人才培养方案，确保方案的制定符合现阶段时代的发展与学生的发展规律，更好地推动人才教育培养模式的改革，突出创新创业人才教育的优点。创新创业教育的开展是根据各个专业进行的，各个专业应该根据不同的特点，制定出符合本专业发展的创新创业人才培养方案，而不是简单地借鉴其他专业的方案，这种做法不能有效地培养大学生的能力，所以，方案的制定应该具有针对性、前瞻性，满足专业教学的发展需要。6所建筑类高校以学生的全面发展为目标，综合制定方案，面向所有专业，建立C—B—A三级创新创业能力培养方案。C阶段为"广谱式"阶段，特点为以思想道德引导大学生树立正确的人生目标，培养大学生的创新创业意志力、学习能力、分析能力与创新思维；B阶段为"融入式"阶段，特点为与专业结合，注重实践，培养学生理论与实践结合的能力、团队合作能力等；A阶段为"专业式"阶段，特点为对接社会创业资源，帮扶学生进行创新创业实践及成果转化，培养学生的社会应对能力。三阶段有机结合，相互补充，促进优化创新创业教育体系，全面提高大学生能力培养质量，强化了大学生创新创业能力的全面培养。

(3) 注重实践、合作、探究的创新创业实践教学

实践是培养创新创业能力的关键环节。6所建筑类高校贯彻实践与教育结合的教育思想，以实践教学为载体，培养大学生的知识运用能力、团队合作能力、创新思维、探究精神等多方面能力。6所建筑类高校积极与企业、创投机构合作，为学生提供实习和实训机会，让学生亲身参与创业项目或创新实验。同时，学校也可以与各类创业园区合作，提供创业孵化服务，帮助学生在从创业点子到实际项目的孵化过程中得到支持和指导。6所建筑类高校提出了"兴趣驱动、问题引领、自主探究"的实验教学模式，将建筑物理实验课的重点放在激发创新意识和培养创新思维上，以问题为导向进行探究，培养学生提出问题和运用知识的能力，注重实验的探究性和综合性，深化实验的模式改革，促进了大学生的创新思想的培养。搭建建筑健康监测及灾害预防技术工程实验室、BIM工程中心、装配式建筑、智能地下探测技术重点实验室、建筑工业化及智能建造、绿色低碳建材新技术、基于软硬件结合的数据采集系统等7个开放自主的专题实验平台，进行多元化创新实验教育。将实验与学科专业相结合，理论与实践相结合，让学生在动手实践中发现、创造、设计、合作，培养学生的团队合作精神、敢于试错和质疑的精神、动手能力、探究精神等。

（4）提升大学生综合能力的多元化创新创业竞赛

6所建筑类高校组织学生参与了"创新创业 ERP 管理大赛""创新创业全国管理决策模拟大赛""BIM 施工管理沙盘及软件应用大赛""挑战杯大学生课外学术科技作品竞赛""创青春""互联网＋大学生创新创业大赛"及"AI＋大学生创新创业大赛"等创新创业大赛国家级、省级赛事，各学科的专项创新创业大赛，学校主办的创新创业成果展等不同特色、各具特点的多元化创新创业竞赛。以信息化为主的"互联网＋""AI＋"创新创业大赛，凸显创新创业的时代气息，结合时代发展需要培养创新创业能力；各学科的专项竞赛则为学生提供了充足的专业创新资源，有针对性地提高大学生的专业能力；具有特色的创新创业成果展为大学生提供交流平台，增加创新成果市场化的机会，促进能力外延式发展。同时，创新创业竞赛主题结合新时代中国梦的思想精神，如："搏击'互联网＋'新时代壮大创新创业主力军""中国梦，创业梦，我的梦"等，让学生在领会时代精神，在深化对中国梦的认识的基础上，结合中国实际进行科技创新，助力中华民族伟大复兴的中国梦，提高学生的开拓创新的时代精神。创新创业大赛学科融合性较强，让不同学科甚至不同学校的学生一起合作，有利于学生的多元综合能力的发展。

六、建筑类高校大学生创新创业能力培养取得的成效

（1）大学生创新创业能力培养成效显著

6所建筑类高校以提升大学生创新创业能力为核心，着力实施一系列措施，通过设置创新创业的必修学分、专门档案、提前毕业设计制度、创新实践纳入推荐免试研究生加分等有效路径，提高大学生的自主参与性。6所建筑类高校采取重点扶持有创业意向的学生与全面提升其创新创业能力水平相结合，据调查，近三年来，累计参加各类培训（实训）学生数近7万人次，每年每校举办校级创新创业类学科竞赛超过40项，多达13万人次参与，共有6100多项大学生创新创业训练计划项目获批，其中国家级4000余项，省级1000余项。在对所有学生具有普遍性的创新创业培训和全面提升学生创新创业能力的基础上，每年每校筛选大约150个大学生创业项目，项目给予每人5000～10000元的基金扶持，对于确有很大发展潜力和市场潜力的项目（含模拟和实体企业），还可追加5万元扶持资金，重点扶持有创业意向或正式开展创业项目的学生。六所建筑类高校与多个企业建立创新创业实践基地，与 IBM、英特尔等建立校内联合创新实践基地，实践资源、社会资源不断拓展，助推大学生创新创业实践能力提升。六所建筑类高校2023、2024连续两年每校每年都有超过2000多人次在省部级及以上学科竞赛中获奖，其中在中国"互联网＋"大学生创新创业大赛多次获得金、银、铜牌，反映出6所建筑类高校大学生创新创业能力的提高。

(2) "专业+创新创业"模式,提升大学生创新创业能力

6所建筑类高校"专业创新创业"模式,将创新创业教育与建筑类高校专业人才培养紧密结合。6所建筑类高校立足建筑类高校专业实际,突出专业特点,将专业人才培养理念、标准、方法等与创新创业教育深入融合,深化创新创业教育,全面开展教育改革,提高人才培养质量。6所建筑类高校由教务处牵头,要求每个学院、每个专业根据各自特点,紧密结合专业特色和优势,放眼校内外资源平台,通过自行开发、牵头参赛、承办参与等多种形式,每个学院至少打造一项创新创业竞赛品牌活动,经过多年的积累打造,目前各个高校校级品牌活动已有50余项。

创新创业知识认知实践层次,采取课程和基础课程实验及认识实习的形式展开,主要通过开设创业素质测试、职业生涯规划等实验项目对学生创新创业天赋予以评测,并通过基础课程实验及认识实习培养学生的创新创业意识和精神;创新创业素质养成实践层次,通过专业基础课程和专业课程实验、生产实习、毕业实习、创新创业训练计划项目、各类创新创业大赛等不同类型的实践训练项目展开,培养学生的创新创业素质;创新创业模拟实训层次,借助于创业实训软件,进行创业全程的仿真模拟,在虚拟环境中开展创业各阶段工作的模拟运作,使学生掌握创业基本技能;创新创业实践操作层次,使学生通过注册公司,开展实际生产管理运作等系列活动,真实运作企业,全面实现创业的实际运营。形成了理论认知—素质形成—综合能力模拟—实际运营操作层层递进的创新创业实践教学体系。

(3) 大学生学习与分析能力整体优化

大学生学习与分析能力包含逻辑思维、理论分析、收集和处理信息、获取新知识及质疑和创新等方面的能力。据调研,6所建筑类高校加速由灌输式教学向启发式、情境式教学转型,让学生在学习知识的同时也学会解决问题的逻辑思维和方法,对提升大学生的理论分析、转化能力及创新能力也有所促进。据问卷调查,约72.35%学生在平时会注重思考、自主学习,寻求解决问题的新方法,提升自身学习与分析能力。近三年来,6所建筑类高校学生共发表论文18000多篇,其中1500多篇论文还被SCI、EI等核心期刊收录;申报专利6000多项,学生在科研过程中激发了创新创业的潜能,在中国大学专利技术转让排行榜中排名靠前。6所建筑类高校充分发挥专利技术转让的优势,推进了专利转化和创业实践工作。可见,大学生学习与分析能力整体优化。

(4) 大学生综合实践能力培养加强

大学生实践能力包含实习实训、知识运用、操作技能、突发问题处理、机会识别、转化执行等方面。由调研可知,学校非常重视实践育人,多层次的创新创业大赛、特色创业实践基地、校企合作创新空间等为培养大学生的实验实训能力提供场所保障,为大学生创新创业提供更多机会,使大学生在实践中学会应用知

识解决实际问题、处理突发问题、提高自己的操作技能等。根据问卷调查,约56.85%的学生在生活、学习和创新创业中能灵活运用知识,超过一半的学生能掌握一定的实验实训操作技能,说明大学生知识转化运用能力、动手能力较好,综合提升了大学生的创新创业实践能力。

(5) 大学生社会性能力发展态势良好

大学生社会性能力包含健康体魄、社会融入、人际交往、组织领导、团队合作、市场价值开发、沟通交流、风险应对等方面的能力。根据调研,6所建筑类高校广泛开展校企合作,为大学生提供社会实习实践机会,锻炼大学生的体魄,推动大学生提早进入社会实习,提早融入社会,接触更多社会上的人、事、物,锻炼人际交往能力、团队合作能力。学校开展的各类创新创业模拟大赛等也为学生提供了社会实践模拟机会,以此训练大学生的人际交往、组织领导、团队合作能力等。由调查问卷看出,约80.24%的学生认为自己在创新创业中比较容易实现有效沟通和合作。可见,随着社会实践和模拟实践的机会增多,大学生的社会性能力培养向良好方向发展。

第三节 建筑类高校大学生创新创业能力培养问题分析

一、大学生创新创业意识淡薄、兴趣不高、态度不积极

创新创业意识是指人们去创造或挖掘从未感知过、兴趣极深的观念或事物的欲望与念头,并在创造活动中表现出自己的意志、心愿、兴趣、遐想、态度和情感,来最终满足人们对社会和个人发展的需求。它是人类思维意识活动中的进取的、积极的、极具有成就性的表现形式,是人类创造力的前提,也是人类进行创造活动和创新活动的肇始点和前行的内动力。只有富有创新意识,才会有创新行为和活动。自2007年教育部颁布政策文件,高校将创新创业学分纳入人才培养方案开始,大学生创新创业项目和竞赛参与人数剧增,一定程度上证明了大学生参加创新创业的热情高涨,但是在人数高增长的背后,也存在着形式主义和功利主义的不健康想法。据问卷调查,在给出的6个多项选择中,综合加权平均看,"锻炼自己的能力"及"更好地实现人生价值"分别排在第一位和第二位。但通过参加创新创业教育活动,可以作为评优、保研的加分项,排在第三,且综合评分占70.87%,说明大学生承认参加创新创业活动可以为评优、保研加分,反映出一定的功利性,削弱了大学生创业的理想信念,影响了大学生的创新创业能力培养。根据调查,对于挑战杯等创新科研活动有兴趣的大学生只有10.08%。对于大学期间参加创新创业活动或科研活动的,觉得有必要并且从中能有所收获的学生占18.27%,有81.52%的学生认为出去创业或去开办企业,与自己距离较远,从而认为创业教育无关紧要。建筑类高校大学生自主创业活动的参加人数较

少,学生自己有创业想法的只占 8.12%,已经自主创业的学生人数占 3.79%,在校学生创业带动就业的人数占 5.18%,可见,大学生的创新意识薄弱,创新创业认知存在偏差,对创新创业活动不感兴趣,而且参与积极性不高,自主创业人数较少,以上状况与时代要求有很大的差距。

二、大学生创新创业教育中专业知识或技术含量不高

高校的创新创业活动,应以专业为基础,开展以专业知识和发明创新为主体内容的创新活动,为知识型创业打下良好基础。但是通过调查发现,学生在参加大学生机械创新设计大赛、大学生创业沙盘、电子电工设计挑战杯竞赛、学生科技创新大赛等大型创新活动时,在学校初选环节中,只有 45.12% 的作品与学生本专业知识有关系。获奖的作品中,有很大一部分是教师指导的作品。学校除了参加国家或省级的比赛外,自行组织的创新活动非常少,并且在举办的创新活动中,参与的学生数量也很少。

三、学生社会风险应对能力相对较弱

根据问卷调查,大学生的风险应对能力比较弱,约 45.05% 的学生认为自己没有足够的能力应付创业过程中的社会风险,而对未来创业面对风险的应对态度则有近 38% 的人选择了不确定,说明很多学生对风险应对没有认真思考过。对社会风险没有能力应对及不确定两项之和高达 83.14%,而选择能够比较好地应对社会风险的调查者仅占 17.98%。超四成的大学生社会风险应对能力不足,说明大学生创新创业的社会风险应对能力较差。另据麦可思研究院的 2024 年最新数据显示,毕业大学生半年内的创新创业率为 3%,而三年后 3% 的人里还在进行创新创业的比率为 55% 左右,这也说明大学生创新创业容易中途夭折。

四、课程体系不够系统

作为教育教学活动的重要载体,课程是实现人才培养目标的途径和手段。课程体系是特定知识体系的集合,也是组织开展教学任务的主要依据和载体,因此,为了提升创新创业人才培养质量,科学系统的课程体系是保障。通过调查和访谈得知,建筑类高校创新创业能力培养课程体系不够系统,主要表现在以下几个方面:一是理论课程系统性不强,实效性不高。高校创新创业能力培养课程一般来说主要包括通识课程、专业课程和创新创业课程三部分。各建筑类高校基本上能开齐开足专业课程,但是由于绝大多数建筑类高校都是建筑类专业占比较大的院校,与综合类高校相比而言,通识课程的科类和数量偏少,知识覆盖面较为狭窄,尤其是人文素养以及科学技术类课程较为缺失,不利于创新创业知识的交叉渗透融合。此外,很多学校仅开设两门创新创业课程:大学生创业基础和大学

生职业生涯规划与就业指导，极少数学校还会加一门创新思维，总体上来看课程数量偏少，覆盖性不全，无法满足学生的实际需要；二是理论与实践课程比例失调。创新创业教育体现出较强的实践性、综合性，在理论课程基础上还要构建多样化的实践教学体系，从而形成完整的人才培养链条。然而通过调研和访谈得知，建筑类高校创新创业实践课程主要以校内第二课堂为主，外加学校集中举办的创新创业训练营、创新创业竞赛活动等，实践课程尚处于起步发展阶段，课程数量偏少，与行业、企业、科研院所的对接度不高，课程设置与创新创业型人才培养脱节；三是缺乏自编教材，选用教材同质化严重，针对性较差。通过对6所建筑类高校的调研得知，虽然国家提倡开展创新创业教育已逾十年，囿于建筑类高校创新创业教育领域科研起步较晚，基础较为薄弱，专职教师少等因素，截至目前所有学校都没有自编教材，选用的教材基本上都是同一本《大学生创新创业基础》，教材同质化严重，专业针对性不强。有些高校在创新创业教育实施过程中，照搬国外的教材和内容，在内容上以创新创业技能为主，在方法上以传统思想教育的灌输式为主，缺乏对学生创新创业价值的引领，导致创新创业教育不能有效促进学生的创新创业动机和意向。创新创业教育课程零散、简单，基本上与学科专业教育脱节、分离，严重缺乏作为一门学科的系统性和严谨性。

五、制度建设不够健全

为确保创新创业教育有序高效推进，制度建设是重要前提。然而通过调研和访谈得知，目前建筑类高校创新创业能力培养制度建设有待健全。一是创新创业教育受重视程度不够，人才培养缺乏制度保障。当前应上级管理部门要求，建筑类高校虽然都成立了创新创业教育工作领导小组，但是组长多数由主管学生工作的校领导兼任，主管教学的校领导对创新创业教育重视度不够，创新创业教育没有得到应有的重视。绝大多数学校都缺乏完善的创新创业人才培养方案，少数学校还没有把它纳入学校人才培养规划，没有把创新创业能力培养看作是主流教育体系的一部分。二是专业的教育管理机构缺位，创新创业教学缺乏组织保障。经过调研和访谈得知，在6所建筑类高校中，仅有两所学校成立了创新创业学院实体单位来专门推进学校的创新创业能力培养，其他的学校多数是由教务处、学生工作部（处）、团委、就业指导中心、"双创"办公室等部门来负责，由于一些职能部门缺乏教育组织经验，因此在学校创新创业能力培养顶层设计、培养规划、课程方案、师资遴选、竞赛组织等方面缺乏科学性和专业性的组织保障。

六、"双创型"教师队伍建设不足

教师是大学生成长的引路人，教师的创新性很大程度上影响学生的创新性，培养一批具备创新创业能力的教师对大学生创新创业能力培养是至关重要的。由于全国大多数学校都采取专业课教师＋创业导师的创新创业导师制（据调查大多数高校由辅导员或马克思主义学院老师兼任），据问卷调查，约39%的学生觉得老师课堂教学启发性不足，而约44%的学生觉得启发性一般，两项之和高达83%，说明教师课堂启发性较差，教师教学创新性不足。根据调研，无论是专业课导师还是创业课导师的教学方式都不注重创新思想、创新思维的培养，即使有所改变也转变缓慢，真正的创新创业导师资源少，"双创型"教师队伍建设不足。由于师资力量薄弱，作为一种新型教育理念，创新创业能力培养在我国发展的时间相对较短，还没有形成独立的学科体系，相关专业师资培养也凸显迟滞性，因此现实中多数创新创业类课程教师都是属于"半路出家"，既没有系统权威的理论知识体系，也没有亲身经历的创业实践经验，教师队伍知识结构不丰满，创新实践能力薄弱，跨学科的横向宽度不足，难以开设优质的创新创业课程。

七、保障体系有待完善

在国家政策指引下，建筑类高校已经出台了一系列相关政策文件来支持、保障创新创业能力培养顺利开展，例如《大学生创新创业训练管理办法》《大学生创新创业训练实施方案》《大学生创新创业训练奖励办法》《大学生创业基地基金管理办法》《大学生创新创业俱乐部章程》等。以上政策在一定程度上有效推动了创新创业教育在建筑类高校的发展，但是总体上来看，学校给予的政策扶持还不够系统和完善，政策的激励与保障力度还有待提升。尤其是在创新创业项目资金支持上、参与创新创业竞赛的师生激励政策上有待进一步提升。例如，有必要提高大学生创新创业项目配套启动资金；在原有激励政策基础上，把教师指导学生参加"双创"大赛的成绩纳入职称评定条件；学生参加双创竞赛的成绩可以和评奖评优、升学考试、毕业作品替代等方面相挂钩。

第六章 建筑类高校大学生创新创业能力培养存在问题的原因分析

第一节 建筑类高校大学生创新创业能力培养的理念偏颇

"现状"是进一步发展的起点,"问题"是进一步发展需要突破的关键之处,"成因"包含着问题的破解方向。根据对建筑类高校大学生创新创业状况的问卷调查及对其面临的困难与问题进行分析可知,目前,我国的创新创业能力培养还处在刚刚起步或萌芽状态,大学生创新创业能力培养整体状况仍处于传统理论知识传授的阶段,学生们尚未有足够大的创新思维的自由发挥空间和社会实践的锻炼机会。我们进一步剖析其存在的问题,主要是由社会、高校、学生等多方面的影响因素而导致。

科学的教育理念是支撑高等教育实践稳步前行的内动力。现阶段人们对创新创业教育的意识和理念偏颇,并没有真正使这种理念和意识深入人心。北京大学教授汪丁丁在《读书》(2007 年第 11 期)上发表的文章《教育的问题》认为,"当整个社会被嵌入一个以人与人之间的激烈竞争为最显著特征的市场之内的时候,教育迅速地从旨在使一个人的内在禀赋在一套核心价值观的指引下得到充分发展的过程,蜕变为一个旨在赋予每一个人最适合于社会竞争的外在特征的过程"。它作为学生应有的"第三本教育护照"与学术教育、职业教育有着同等重要的地位和作用,尽管这种认识还没被社会和高校完全接受和认同。大家对创新创业能力培养的理性认识仍未成熟,在过去十几年的历史发展中还处于摸索、探求的初级阶段,还没有真正清楚它对社会经济发展和大学生健康成才的必要性、紧迫性和重要性。目前大部分家长和学生在就业观上仍以追求稳定工作和经济收入为最终目标,社会整体的创新创业能力培养意识淡漠,对创新创业能力培养内涵理解有偏颇,对创新创业能力培养价值的认识存在缺失,氛围不浓厚,更多的人认为创新创业能力培养是缓解就业压力的一种途径,是大学生就业难的一时之举、缓兵之计。这种人才培养仅仅是学生毕业前的常规性指导、技能技巧的加速充电,误认为创新创业能力培养只是职业教育的任务,高校进行创新创业能力培养的初衷和最终价值取向就是解决大学生就业困难的问题,根本没有将创新创业能力培养看作是国家培育优异接班人和复合人才的思想渗透和一种创新行为的进程,根本没有具备将创新创业能力培养作为一种长远、恒久的培养学生创新创业综合素质的理性认识。

在高校开展的创新创业能力培养活动中，大部分学生认为创新创业能力培养只是少数学生受益的简单教育形式，只是只有很少数量的具有较强创新能力、理论学习成绩非常优秀的学生接受的培养，这种培养是为创办新企业或新公司，培养有潜质的学生最终成为企业家或老板的极为常规和技能性的一种培养活动。大部分学生很难涉足其中，认为创新创业能力培养只是挖掘少数学生的潜能，并非是面向全体学生去培养他们的开拓精神和综合素质，也无法培养全面发展的具有事业心的创业者和岗位创造者。创新创业能力培养没有形成全体学生受益的大氛围，学生错误地认为创新创业能力培养就是当下教育体系中的一种精英教育，学校、老师、学生们过分注重创新或创业计划大赛比赛成绩，将此类赛事变成了具有较强精英色彩的比赛。只重视创新创业能力培养，而忽视学生创业观念改变；只重视自主择业、竞争择业的就业与择业观的树立，而忽视自主创新、自主创业的创业观的树立；只重视对职业适应、岗位适应的培养，忽视创造职业、岗位创新的指引。将创新创业能力培养感性地认为是一种功利性活动，很容易使比赛最终印有极强的精英化痕迹，最终冷落了大部分学生，扼杀了学生的创新创业精神。这一切都将导致创新创业能力培养难以升至开创事业的理性层面，使其仍滞留在财富、功利、收益等层面上。创新创业能力培养的主导和灵魂是它的创新创业精神。创业家和创业家精神是我国目前稀缺的资源和财富，也是推动社会经济发展的起决定作用的一股坚不可摧的力量。

这种高校创新创业能力培养理念的缺失、观念的偏差、意识的淡薄、目标定位的不清晰、自主创新能力的薄弱，难以升至创业理性层面，很难使培养出的学生在激烈的社会竞争中拥有优势。因此建筑类高校创新创业能力培养更应该使大学生学会学习、学会生存、学会发展，应该成为使受教育者拥有勇气、自信、诚实，实现协作、双赢，形成信仰的陶冶教育，贯穿于人才培养的全过程。

第二节 建筑类高校大学生创新创业能力培养的环境缺乏支持

把创新创业能力培养信念渗入、融汇到民族精神中，培育全民族、全社会创新创业文化，构建一个生机充溢的创业型社会，是我国创新创业能力培养开展的终极目标。国家、政府对创业的资金、政策、服务等外因环境支持力越强，政府、企业和企业家个人对创新创业能力培养在师资培训、课程开发、课外活动、教学活动等方面的指导和支持力度越强，最终创新创业能力培养开展的效果就越好，这也是改善创新创业能力培养环境的源泉。目前，建筑类高校大学生个人、家庭、学校、社会、政府对大学生创新创业能力培养的环境缺乏支持。

一、个人创新创业的观念滞后

综合分析关于大学生创新创业的文献，笔者发现多数学者认为大学生创新创业推动乏力，一部分是因为学生创新创业能力培养信心不足，创新创业能力培养观念滞后导致的。根据笔者调查的结果，在"您认为建筑类高校大学生创业成功概率有多大？"这一问题上，选择"成功概率非常小"的占 47.98%，大部分建筑类高校大学生对自己创业没有信心。观念滞后一方面表现在：多数建筑类高校大学生将创新创业等同于就业，认为创新创业能力培养的失败就是就业的失败。因此，他们因为害怕创新创业能力培养失败而裹足不前，害怕投入的精力没有回报而拒绝尝试。但知识是服务于能力，而不仅是服务于职业的。大学生在创新创业能力培养中培育的实践能力、创新能力、敬业能力和团队合作能力，即使是在项目失败后，也能在他们未来成长成才的路上大放异彩。观念滞后的另一方面表现在：认为创新创业是"单打独斗出英雄"的活动。根据本次调查问卷的结果，在"您认为所学专业与创业的关系有多大？"这一问题上，选择"有关系"的占 76.5%。但大部分创新创业能力培养队伍会只选择与自己本专业的同学一起组队创业，这使得创业队伍知识结构单一化，缺乏商业运营等知识的支撑，从而导致项目难以走远。当代的创新创业能力培养需要更多元的专业知识的支撑，如计算机知识、法律法规知识、营销策划知识、财务管理知识等。这就要求大学生创新创业能力培养团队中应该更加注重跨专业的合作，以及复合知识的融合。大学生应在团队合作中贡献价值，实现个人成长，将个人的知识最大化地融入整个创新创业能力培养项目的运营之中。

随着我国大学教育向大众化发展，受到过高等教育的大学生数量在年年增加，学生面临的就业压力也在不断增加。麦克思研究院连续四年发布的《就业蓝皮书》显示："本科建筑类专业和高职高校建筑类专业一直是就业率最低，专业对口率较低的专业类别之一。"严峻的就业形势也是建筑类高校大学生不敢将创新创业能力培养纳入自己的职业生涯规划的原因之一。他们担心创新创业能力培养失败会使自己陷入毕业即失业的困境之中，这种观念抑制了建筑类高校大学生的多元化发展，抑制了他们积极主动地投入创新创业活动中去，更无从谈起创新创业能力的培养。

二、家庭对大学生创新创业能力培养缺乏支持

根据访谈结果分析，在"您支持子女在大学期间创业吗？""您认为子女在大学期间创业成功的概率有多少？"的问题上，大部分父母持反对态度。他们认为学生要以学习为重，大学期间创业是在浪费时间。而且大学期间创业成功率低，不应该将精力浪费在产出回报率低的事情上。访谈的最终结果显示：父母希望子

女不要将时间浪费在学校的创新创业活动中。

采访表明绝大部分父母并不了解现在大学里面提倡的创新创业教育的具体内容是什么。他们认为子女在学校创业就是拿着父母的钱不好好学习，天天翘课去经营注定失败的生意。所以在"您会给子女在大学创新创业实践提供财政支持吗？"这一问题上绝大部分父母给出的是否定的回答。建筑类高校大学生的家庭在孩子创新创业能力培养活动中给予的物质支持相当匮乏，甚至不仅没有支持，还阻碍孩子的自由发展。一方面，家长对子女就业的思维狭隘。独生子女的一代，家长的注意力更加集中在一个孩子身上，他们担心孩子在艰辛的创业过程中吃苦受累，于是阻止孩子创新创业。大部分家长只希望孩子找一份安稳的工作，然而只有不断磨砺孩子的各项能力，才能真正让他们在时代浪潮中不被淘汰。建筑类高校大学生要想在创新创业能力培养活动中实现自身能力的提升，家庭的支持是必不可少的；另一方面，学校对于家长的宣传和沟通工作也比较欠缺。家长不了解大学生创新创业能力培养教育已经成为大学生能力培育的重要组成部分，学校逐渐拥有了较为完整的创新创业能力培养教育体系。大部分建筑类高校大学生家长的思想还停留在只有城乡住建政府部门、房产局、建筑设计院（设计所）的工作才是"铁饭碗"，但是，每年的国考招录人数有限，且公务员考试竞争激烈，真正吸纳的建筑类高校大学生就业人口有限，导致很多毕业生待业在家。毕业后继续备战公务员考试延迟就业的也不在少数。这些传统的就业思想局限了大学生就业创业的视野，阻碍了大学生创新想法的实现，不利于大学生在实践中成长成才。

三、建筑类高校大学生创新创业能力培养教育产学研合作遇瓶颈

"高校产学研一体化是指教育、科研和生产等不同社会资源整合在一起，集科学研究、人才培养和创新实践于一体的过程，是校企合作推进高等高校创新创业成果转化的途径。"但是我国高校的产学研发展还处于起步阶段，产学研链条上的各方面并没有形成真正的合力，也没有一个长效的创新机制。学者孙华宝认为，当前我国产学研合作面临的问题主要有以下四点："第一，产学研合作在机制上缺乏制约因素，导致合作行为的短期化及形式化。第二，企业和高校之间的利益分配的机制不健全。第三，企业和高校在研究理念上有分歧，导致创新无法形成合力。第四，高校评价机制及技术转移机制滞后单一。"建筑类高校在大学生创新创业能力培养教育的产学研合作中也遇到了以上瓶颈。比如建筑类高校产学研合作组织形式的松散导致合作行为的短期化、形式化。部分合作设计院所、房地产公司、建设部门与学生创新创业能力培养项目签订合作合同后，只负责管理课题经费或盖章，而没有积极开展相应的创新创业能力培养工作，导致学生创新创业能力培养失败率高，创新创业能力培养不足。大学生的创新创业能力培养项目最终要推向市场，进入市场就要面对利益分配这个无法逃避的话题。校企合

作的一大弊端就是当利益越来越大后，会发生协议履行困难等问题，最终导致产学研合作失败。企业和高校在研究理念上存在目标导向的差异，高校更多的是想通过创新创业能力培养培育大学生的创业就业能力和推动学科的发展，而企业则更多的是将经济效益放在第一位，希望运用大学生廉价的劳动力和澎湃的创新力来为企业获得更多的利润。这些情况都是建筑类高校创新创业能力培养教育产学研合作遇瓶颈的具体表现。

从目前的社会实际情况来看，高校人才能力的培育和创新创业能力培养孵化园的建设工作离不开高校的科研导向优势、企业的市场导向优势和政府的资金导向优势的共同帮助。建筑类高校大学生创新创业能力培养要放在这三方面的合作中去推进。"产学研一体化"将成为未来高校创新成果转化、学生实践能力培育、合作创新能力培育的重要阵地。

四、社会浮躁风气的影响

部分建筑类高校大学生创新创业功利化严重，甚至出现"伪创业"骗钱的现象。一方面，社会对创业教育的经济功能过分强调，他们幻想着通过创业实现一夜暴富，这就导致创新创业的目标更多的指向经济效益，而忽视创新创业能力培养教育本身最重要的精神——培育大学生创新创业的能力，实现学生全面的发展。在社会功利化目标追求的背景下，学校也出现了激励偏离的现象。一些地方高校只看重创新创业能力培养对学校就业率的贡献有多少，一味地追求创新创业能力培养人数的增加，而忽视创新创业能力培养教育质量的提升。学生在被动接受创新创业能力培养教育的情况下，将创新创业能力培养平台视作发财致富的机器。所以，即使是在国家投入大量人力、物力、财力到推进大学生创新创业能力培养计划中的背景下，在高校积极开展创新创业竞赛和培训、指导教师热情高涨参与指导的情况下，大学生创新创业效果仍然不佳，创新创业能力培养和提升仍然不明显。另一方面，当代大学生更频繁地接触网络，在网上受到一些西方不良思潮的影响。功利主义、个人主义等不良思潮直接影响了当代大学生的价值取向、思想观念、就业观念以及行为习惯。在市场经济中过分强调货币的作用会在一定程度上导致金钱升值和道德滑坡现象的出现。在一部分大学生中，他们认为金钱才是真正有用的东西。这些错误的思想让拜金主义、个人主义和享乐主义等不良思潮有了扎根的土壤。这些浮躁的社会风气影响了当代大学生的思想观念，导致部分大学生形成了走捷径、快速获取成功的错误思想。在大学生创新创业能力培养活动中，社会浮躁风气会导致大学生创新创业能力培养动机功利化、"一切向钱看"行为的出现。这些现象不仅会导致创新创业能力培养项目的失败，也阻碍了大学生在创新创业能力培养活动过程中能力的培育和提升。

五、政府对创新创业能力培养的公共服务平台不够完善

大学生创新创业公共服务平台是由政府主导并投资的公益性服务机构。政府在大学生创新创业中位于核心地位,不仅影响着各高校教育教学的质量,还为大学生创新创业能力培养提供相应的服务和帮助。问卷调查中在"您最希望政府对大学生创业采取哪些积极措施?"这一问题上,68%的大学生选择了政府资金支持。学者徐小洲等也认为资金不足、融资困难是当前大学生创新创业的一大瓶颈。一方面是因为大学生在创业融资的意识和能力方面比较薄弱,另一方面是政府对于大学生创新创业投入的专项基金仍然较少、覆盖面也不广,特别是人文社科类专业获得政府专项大学生创新创业融资较困难。以上海市为例,根据《上海市大学生创业基金管理办法》规定,每年资助科技创业项目 1 个亿万元,每年可资助 300 项左右的大学生创新创业项目。但是,2025 年上海高校毕业生高达 24.6 万人,不包含在校创新创业大学生,毕业生获得上海市专项创业基金的比例是万分之十五,这样的资助比例是非常低的。缺乏资金的支持让大学生创新的想法无法通过创业的平台实现,部分大学生望而却步,退出创业市场。

当地政府同当地建筑类高校合作开展的创新创业能力培养训练营也收效甚微。许多地方政府与建筑类高校合作开展的大学生创新创业项目,大多数只针对具有当地户口的建筑类高校在校学生,创业培训普及度低,很难吸纳真正有创新创业想法的大学生加入其中。政府对于大学生的创新创业政策也需要进一步对接和落实,涉及大学生创新创业的工商税务、人事制度、宣传制度以及社保制度等还需进一步细化。不够完善的大学生创新创业能力培养公共服务平台会抑制大学生创新创业的发展,进而无法实现创新创业能力的培养。

除了上面分析的主要原因外,导致建筑类大学生创新创业能力培养面临困境的原因还包括学生学习压力大、参与实践少、学校创新创业场地局限、政府和学校创新创业能力培养激励不够等。

第三节 建筑类高校大学生创新创业能力培养的体系不健全

一、创新创业能力培养限于活动层面,难以融入人才培养体系

据调查得知,部分建筑类高校的创新创业能力培养被视为业余教育活动,如:选修课、课外活动、讲座、大赛等形式。将此培养停滞在技能与操作层面,并未能与传统的人才培养体系相融合;有些高校在创新创业能力培养实施过程中,基本上与学科专业教育脱节、分离。创新创业能力培养严重脱离高校人才培养体系,大多数的学生仍游离于创新创业能力培养和创业实践活动之外,游离于

素质教育、专业教育之外，是局限于操作层面的创新创业能力培养，并狭隘认为只要在理论基础上，加之创业的单纯操作、技能与创造学知识，就是实现素质教育的目标。将创造和创新寻常化为纯粹操作与技能的认识和实践，实质上对创新和创业能力最深层次基础的轻视，会使中国的高等教育误入歧途。不难看出这种认识会使学生在创新创业能力培养过程中出现创新能力竭尽和创造力消失的情况。可见，创新创业实践活动是非局限于操作层面的高级层次，创新和创业能力、学生潜在的创造性必须通过蕴含在人文和科学知识内的文化精神，无声无息、不见形迹间熏陶而成，而并非像技巧与技能一般地传递和讲解。创新创业能力培养是新时代人才培养的重要构成部分和核心内容之一，也是提高创新创业能力，培养实效程度的基础途径。

改革现有教育体制与教学内容势在必行，因为创新创业能力的培养深深地依赖于专业教育，而目前我们却很难在某些建筑类高校人才培养目标的内容和表述中清晰地看到创新创业能力培养的身影，或者根本就涉足不到创新创业能力的培养；在大部分学生眼中创新创业是要创造新价值，以挣到更多的利润为目的，他们常常认为创业是与自己毫不相关的事情，更多的是将自己当成局外人来看待创业；有少部分学生虽然能够比较理性、客观地看待创业过程，但这些学生在准备创业的过程中，又往往对市场形势分析过于乐观。很多建筑类高校开设的创新创业课程相对有限，所学知识大多局限于课堂、校园可见的内容，由此可见，大学生对创业的认识并不深刻，对创业知识内涵的理解与领会已偏离方向，受到很大限制；有些建筑类高校在开展创新创业能力培养的过程中发现大学生对创新创业的理解仅仅局限于一个相对较浅的层面，还不能全面地认识到创新创业的本质，实践环节的缺乏，使创新创业能力培养停留于理论浅层。还有部分建筑类高校由校团委和学工部组织学生开展了诸如创业计划大赛、科技创新计划、创新创业设计活动及各式各样的科技课外拓展活动。科技课外拓展活动一般指计算机知识技能、电子或BIM施工管理沙盘及软件应用大赛等，也有很少部分建筑类高校为学生实践设立了创业中心、创业孵化基地、创新基金，提供了一定扶持。然而，这些大学生创新创业活动最终也未能上升到理念指导层面的创业务实性的教育活动。

综上所述，要把创新创业能力培养的目标融于建筑类高校人才培养目标之中，并与教学的各个环节相互渗透，与学生管理体制改革相结合。要把建筑类高校的基础教育、职业发展教育和创新创业能力培养三者紧密相结合，紧密相融。因为创新创业能力培养发展的成与败关乎到我国高等学校教育改革的质量和成效。它有利于形成提高学生综合素质和创新能力的全面发展的教育体系，更有利于创新创业能力培养的可持续发展。

二、创新创业能力培养的学科边缘化，难以与学科教育相融合

目前，我国高校创新创业能力培养并不是我国主流教育体系的组成部分，仍

无法清晰、准确地被认定为是高等教育学科,或是包含于经济管理学科,或是包含于企业管理学科,暂时还没有准确、清晰的专业定位。由于学科地位边缘化,大学生创新创业能力培养被很大部分人看成是企业家们的速成教育,简单地说就是培养大、小老总或经理人,诸如快速成才培训班式的创新创业能力培养活动,已经完全不能够满足当今经济社会迅猛发展对高素质人才的迫切需求。有些建筑类高校以传统普通高校的学科体系为中心,照搬普通高校的办学模式,没有形成自己有别于其他类型高校的教育特色,出现了严重的服务定位和办学定位不准确的现状。这导致大部分高校没有独立的、系统的创新创业课程体系,创新创业课程是较零碎的,严重缺乏作为一门学科的系统性和严谨性。仅仅属于"职业规划""就业指导"之类的系列讲座或选修课,而且就连讲座也没有固定的安排与系统的规划。大部分学生表示在专业课教学中没有接受过创新创业的教学内容及其引导或思维训练,只是在就业创业课程中曾或多或少了解过。在教学中,各学校的教学方法和教学内容多数仍沿用传统的方法,都是讲授课本的内容。学科定位模糊使得课程体系不完善,创新与创业内容在专业课教育教学中基本没有体现。因此,创新创业能力培养应该更重视知识整体的完善性、系统性和共识性。

由于建筑类高校的创新创业能力培养还没有融合于学校整个教育体系之中,在教育人才培养方案中并未看到创新创业能力培养课程被真正纳入其中,教育教学目标没有将创新创业能力培养目标归入其中,它与学科专业教育的建设并未形成有机的关联,并与教育教学分离,误将其视为课外教育在业余时间里开展。在部分建筑类高校的人才培养方案的课程设置一项中,创新创业能力培养类课程有些出现在文化素质选修课程清单上,有些出现在通识类的选修课程列表上,有些出现在全校公共选修课的列表上,这些课程即使作为选修课,也没有在教学计划上明确被列出,根本没有被纳入常规教学计划。

综上所述,创新创业能力培养处于学科的边缘化状态,还没有确立成为一个独立的学科体系,缺少最为基本的学科依托,与高校常规学科教育相分离。这是因为部分建筑类学校过于注重活动层面和教育表象,使创新创业能力培养丢掉了学科专业这一最有力的支撑和依托,这也是创新创业能力培养进一步实施的难点和重点。因此,建筑类高校在教学工作中必须将创新创业能力培养融合到学科专业教育之中,将理念和教学内容相渗透,并对学科及课程设置进行科学规划,从而使创新创业能力培养与学科教育两者相互连接,相互依赖。只有这样,建筑类高校的创新创业能力培养才不会失去其真正意义。

三、创新创业能力培养课程体系单一,难以构建成完善的教育体系

课程设置是实现人才培养目标的关键路径,而从目前我国高校设置的有关创新创业课程的情况来分析,大部分学校存在着课程数量设置较少、授课时间安排

不合理的情况，缺少系统性、针对性，学习方式不灵活、类型单一，大部分只是表面性地开展一些活动，举办一些讲座，课程以选修课的形式把创新创业课程变成了就业指导课程中一个章节或辅助内容，学生无权去选择与自己的实际需求相关的课程内容，只是有权去选择是否学习此门创新创业课程。尽管高校都声称已经对学生们开设了创新创业能力培养课程，并且按照教育部《关于大力推进高等学校创新创业教育和大学生自主创业工作的意见》文件精神，已将创新创业能力培养课程纳入其教学计划和学分体系中并有所体现，但这根本不能认为是与专业教育融合，也不能视为创新创业能力培养课程体系的构建，而仅是随意、零散地开设了一到三门基础性创业课程或以就业为主的就业创业指导课程，缺少了创新创业能力培养理论与实践活动开展的结合。长久以来，课程设置与培养创业型人才基本不相适应的状况完全是因为我国高校没有确立创业型的培养目标。专业课程较多、基础课程较少，理论课程较多、实践课程较少等诸多现状，使现有的创新创业能力培养的课程内容过于宽泛空洞，缺乏立竿见影的作用，建筑类高校也不例外。

总体而言，这些都构成了目前建筑类高校创新创业能力培养课程设置的路径障碍，同时也阻碍了创新创业活动的深入开展，也无法为本区域的经济发展做出贡献。部分学生认为创新创业能力培养只是很少数量的具有较强创新能力、理论学习成绩非常优秀的学生接受的教育，这种教育是以创办企业或公司为目的，培养有潜质的学生成为企业家或经理人的技能性的非常规性教育，大部分学生难以涉足，认为创新创业能力培养只是挖掘少数学生的潜能，并非是面向全体学生去培养他们的开拓精神和综合素质，也无法使学生全面发展，成为有事业心的创业者和岗位创造者，并因此狭隘地认为创新创业能力培养课程以选修课的形式进行即可。其实不然，当创新创业能力培养被联合国教科文组织称为教育的"第三本护照"的时候，它就被赋予了与学术教育、职业教育同等重要的地位和作用。它以培养人的创业意识、创业理念和创业技术能力等各种创业综合素质为最终目标，然而大部分建筑类高校目前还没有将创新创业能力培养真正作为一门学科，没有将创新创业课程真正纳入学校的教学计划中，这也是导致创新创业能力培养实效性偏低的原因之一。同时，现有的创新创业能力培养课程设置有待改善，大部分高校在教育中侧重学科课程，忽视活动课程更忽视环境课程的设置。出于被动或临时应对的状态去开展创新创业能力培养，使其仍停滞在课外活动等表面环节上，导致创新创业能力培养课程缺乏生机和活力，多数学生创新创业的理论和实践教程的信息量极少。这种不规范的状态如果继续发展下去，势必会导致创新创业能力培养教材的信息来源严重缺失，无法系统编写大学生创新创业的教程内容，无法建立一套完善的创业教育课程体系。

目前，建筑类高校的创新创业能力培养整体发展缓慢、零散，课程设置制约了创新创业能力培养的深入发展，在很大程度上影响和制约了大学生创业的广度和深度。根据建筑类高校毕业生相关部门就业统计的数据显示，所有建筑类的高校都已经开设了创新创业教育的相关课程，大部分建筑类高校将创新创业能力培养作为一门选修课，普及率不高、规范性不强、影响程度不大，而且重理论、轻实际，学生的学习兴趣不高，创新创业能力培养课程并没有真正被纳入建筑类高校的课程设置体系中。有些建筑类高校没有形成独立的创新创业课程内容和系统的创业课程群。其中在创新创业课程中，例如：大学生KAB（英文全称Know About Business，意思是"了解企业"，大学生创业教育项目。是国际劳工组织为培养大学生的创业意识和创业能力而专门开发的教育项目。该项目通过教授有关企业和创业的基本知识和技能，帮助学生对创业树立全面认识，普及创业意识和创业知识，培养有创新精神和创业能力的青年人才。KAB课程一个很大的特点就是先让学员去体验，体验之后再回来讨论，而不是先学习若干理论知识）、创业基础、创业学等基础课以外，大部分是职业生涯规划、就业指导系列的课程。调查显示，所有的建筑类高校都是在已经开展的就业指导中附加了一些创业教育的内容。教学过程中没有单列创新创业课程，都只是在就业教育课程中单列一章提及创新或创业，创新创业课程设置单一化，没有形成知识体系。在创业部分的教学内容中，多数只是表述了创新、创业的内涵，创业的特征，创业的风险，创业的基本要素，创业前的准备工作，政府对创业的政策等相关内容。另外，建筑类高校中只有1/5的高校开展了KAB课程。在KAB的课程中，以讲授创新意识、精神的培养和有关创办企业的基础知识为主，各个学校课程的内容基本上没有太大的差别，也没有体现出本学校或本专业的特色。开设KAB课程的高校只是将KAB作为公选课开设，个别学校年选课的人数还不足全校学生的1%。各学校在仅有的创业课与KAB课程中都没有任何形式的知识衔接，创新创业课程也没有与专业课的教学内容相衔接。

由于我国现有的课程体系仍属于初始阶段的探索过程，对全体学生的广普教育，仍停留在较浅的程度，高校的管理者和教师并没有对学生创新创业精神和技能等方面的培养进行深入的探究，更不能尽其全力去提高创新创业能力培养的各类课程建设，如实践基地建设、学科课程、环境课程等，没有真正将创业教育和各类课程的教学相互渗透，导致理论与实践脱离，观念与行为脱节，评估与评价体系不健全、不完善，师资队伍不适应等现状。对建筑类高校已有的教育课程体系进行改革时，应将创新创业能力培养的课程与专业课程交叉，融合到各学科各专业课程体系中去，从而形成适合各学科各专业的创新创业能力培养课程体系。

总之，要推进创新创业能力培养的发展并实现创新创业能力培养目标，就必须构建一套有效、相对完整、稳定的创新创业能力培养课程体系，以此来培养其创新创业精神和技能。

四、创新创业能力培养教学资源匮乏，难以满足创业者的需要

（1）教学师资力量欠缺，水平有待提高。

在我国由于创新创业能力培养还处于刚刚起步、发展的初始时期，急需大批具有专业水平的创新创业师资队伍，因为这类师资队伍是顺利开展和实施创新创业能力培养的关键和基本保障。目前，从高校整体教师队伍上看到建筑类高校教师队伍建设在数量上基本适应建筑类高等教育快速发展的需求，但高端学科的领军人才匮乏。建筑类高校除中国建筑老八校、中国建筑新八校有两院院士、长江学者、国家杰出青年科学基金外，其他建筑类高校鲜有这些高等人才，特别是两院院士几乎是空白。同时，除中国建筑老八校、中国建筑新八校外，其他建筑类高校高水平学科带头人数量也不足，海外学成归国人员数量少；在国内知名院校中，获得博士学位和拥有博士后研究经历的专任教师数量少，具有博士学位教授职称的教师所占比率相对偏低，而创新创业能力培养对教师的综合素质要求较高，只有以强有力的师资队伍为先决条件，才可能使教育能够顺利开展并收获可喜的成果。这就需要大批具有一定的专业知识，而且又具备较高的跨学科的综合知识和创业实践技术能力的专业师资。可是在高校担当此教学任务的教师大部分创新创业知识不够完善，缺少足够的创业经验。而且，专门从事创新创业能力培养的师资队伍也十分稀缺。一类是由于工作需要从其他教学岗位上半路出家、转岗过来的教师；另一类是从事学生就业指导工作的教师，特别是广大的辅导员教师和马克思主义学院的教师。这些教师大多缺乏创业实战的经验，没有在企业就业、创业的经历，尽管他们有较高的学历、较高的理论水平，但他们会不自觉地把创新创业能力培养变成纯粹的课程化、学术化。虽然，近些年全国 1000 多所高校中，陆续有多名教师参加了教育部举办的创业教育骨干教师培训班，但现有高水平专业教师的数量，根本无法满足全国 4700 万大学生对创新创业能力培养的诉求与渴望。就建筑类高校而言，很多高等学校没有专门从事创新创业能力培养的师资，从事此类课程的教师也往往缺乏实战经验。在对建筑类高校专业教师的调查中发现，有 97.98% 的教师表示没有参加过创新创业相关知识的培训，无法很好地培养大学生创新创业意识、精神、能力，难以担负起创业教育课程的指导工作。因而，他们在教学中更多倾向于理论说教，对学生缺乏吸引力。

据调查，现在建筑类高校中负责创新创业能力培养的教师，主要由就业指导教师（辅导员）兼任，由人文社科学院的教师、马克思主义学院教师、就业工作处教师兼职或是由团委教师、学工部及主管学生工作的副书记兼职，根本没有专职从事创新创业能力培养的教师。他们都是通过短期的相关培训和自学从事此项教学工作的，缺少创新创业经历、企业工作经历，缺少满足创新创业能力培养教学需要的思维知识结构。毫无疑问，他们根本无法将创新创业能力的培养内容和学生的专业内容结合起来，这些教师主要讲一些就业指导课程，包括国家当前的

第六章　建筑类高校大学生创新创业能力培养存在问题的原因分析

就业创业政策、讲授职业生涯规划及应聘过程中的面试技巧等，一些教师对学生们的指导同样也存在形式主义，致使创业与创新教学分离、创新创业教学与创新创业活动分离、创新创业能力培养与专业教育分离的情况。他们没有对学生进行更专业、更深入、更系统的实训、实践指导工作，难以完成授课保证。师资匮乏问题已经成为建筑类高校创新创业能力培养更快更好发展的瓶颈。创新创业能力培养的师资质量不仅影响建筑类高校学生自主创业的能力，还无形中加重了毕业生的就业压力，阻碍了学生们的健康成长。

（2）创新创业能力培养教学设施较落后。

学校教学条件和科研实验设施是高等学校开展创新创业能力培养的物质保障。目前大部分建筑类高校在给予学生创新、创业基金方面的支持非常有限，致使教学设施较为落后。目前，建筑类高校正不断加大大学生创业园建设工作力度。根据建筑类高等学校毕业生就业数据统计，目前6所建筑类高校大学生创业园数量已经发展到6个。入驻创业园的大学生创业企业百余户，创业学生数1000余人，已经带动2000余名毕业生就业。这是一个良好的开端，但目前大学生创新创业能力培养实践与孵化场所，远不能满足建筑类大学生创新创业能力培养的需要，约75%以上的学校创新创业能力培养实践场所还只是个形式，没有发挥应有的作用。

（3）创新创业能力培养资金扶持不足，难以调动创业者的热情。

任何工作的展开和进行以及保质保量的完成，必须要有资金作保障。高校教育工作也是如此，在创新创业能力培养中要想全面提升创业者的综合素质，离不开教育的高级层次——创新创业实践。创新创业实践是提高创新创业能力培养实效的基本途径。大部分建筑类高校因缺乏投入资金和无法正常组建实训、实践基地，致使教学实践环节缺乏与弱化，阻碍了在校大学生进一步接触和了解创业实践活动。加之无法及时更新陈旧的教材和教学设置、灌输式的教学办法等诸多原因，打击了学生探索求新与发挥创造力的积极性。目前，在创新创业能力培养上，政府和高校的资金投入能力极为有限，各类大赛成绩的总体水平不是很高，政府和学校必须要加大对创新创业活动资金的投入与扶持，以此调动创业者的热情，为发展创新创业能力培养创造条件。

（4）创新创业能力培养教材建设简单，难以形成本土化的特色。

根据资料显示，1995年2月，由江苏教育出版社出版、彭钢编写的《创业教育》出版，这是我国第一本创业教育入门课程教材，当时几乎所有高校都将其作为创业教育课程的教材。该书主要表述有关创业教育学的重要意义等基础知识，没有结合实际来说创业活动。30年前的创新和创业理论知识，随着创新创业环境的不断变化，已经无法与社会经济的发展与时俱进，无法在创新创业行为教育中给当下学生极为有力的指导作用。之后，除《创业教育》这本书以外，市面流通的创新创业教材大众化读本，大多数也成为高校所使用的创新创业能力培养的教材，这些教材的共性问题是课程内容简单又空洞；理论深度不够；极度缺乏对于本专业指导；缺乏学生层面对失败的正确指导，缺乏如何摆脱逆境、重塑信念的指导，内容存在一定局限性和滞后性；缺乏对本区域创业的针对性研究；课程内容仅对创业整个流程做草草了事的叙述，无法将新兴与边缘学科的知识与创业相关理论充分融合与运用；对现实生活中的新观点、新理论，无法及时反馈和采纳。这类教材必然导致创新创业能力培养大打折扣，无法将学生的各种创业因素和能力培养出来，无法适应学生和时代的需求。在各学校自编的就业教材中只在形式上涉及创新与创业内容。即使是国际劳工组织KAB项目，其教材也只是教师用书，采用了通用的KAB培训教材。各学校的授课教材建设仍处于起步阶段。

目前，建筑类高校已不再使用统一的创新创业相关教材，因为使用通用教材，难以将培养成果转化为生产力，难以突出本土化特色。通用教材的课程内容有很多的局限性，很难为本区域的经济服务。有个别建筑类高校现在根据学校授课内容的需要和学校自身的办学特色，自主编写了本校的创新创业能力培养教材，部分教材已获取了学校与社会的认可，但这些自主开发的教材仍处在探索和起步阶段，关于创新创业障碍和细化探讨的内容仍未触及。这些创新创业能力培养的教材在实践中的适用性和推广性仍有待考核。建筑类高校大学生创新创业能力培养要鼓励学生的创造性、自立性和主动性等，建筑类高校创新创业教材更要涉及自然科学和人文社会科学等广泛的知识，不可马虎。

五、创新创业能力培养缺乏实践环节，难以提升自主创新能力

掌握创新和创业理论基础知识，将创新创业的理论基础知识与技术能力应用到市场和实践活动中，是创新创业能力培养的基本任务。创新创业能力培养是教育理念也是教育实践形式。创新创业能力培养存在的最主要的问题就是素质教育、专业教育与创新创业能力培养分离，创新与创业教育分离，忽略了实践是创新能力与创业能力的深层基础。

根据调查分析研究，建筑类高校大多数的学生仍游离于创新创业能力培养和创业实践活动之外，游离于素质教育、专业教育之外，是局限于操作层面的创新创业能力培养，并狭隘地认为只要在理论基础上增加创造学知识与单纯的创业操作与技能，这便是达到其素质教育的目标。不难看出这种认识会使学生在创新创业能力培养过程中出现创新能力竭尽和创造力消失。可见，创新创业实践活动是非局限于操作层面的高级层次，是创新创业能力培养的核心内容之一和重要的构成部分，也是提高创新创业能力培养实效程度的根本途径。

大学生创新性实验计划是高等学校自主创新能力和水平的一个重要标志，是使学生具备一种创新意识、创新思维和创新能力，以培养大学生在收获知识的同时，对创新、开发和科技研究产生浓厚兴趣，并在这种兴趣与爱好的带动下积极

参与实验过程，提高学生的学中用、用中学、独立思考和解决问题的能力。目前，各建筑类高校非常重视获得大学生创新性试验计划项目的奖项，以此证明高校的自主创新能力和水平，自 2007 年启动以来，教育部首次在全国范围的层面上实施直接面向全国大学生创新训练项目的立项活动。北京大学、清华大学、武汉大学、浙江大学等 120 所高校已被教育部、财政部批准为立项单位，6000 个左右大学生创新性实验计划开始实施，但建筑类高校只有少数最终获得基金支持。与其他类型高校相比，获奖项目基金支持所占比例较小，这说明建筑类高校大学生自主创新的水平偏低。

现以清华大学获北京市教委资助的项目为例，论述自主创新能力和实践环节与创新创业教育的关系，"北京地区高等学校学科群建设项目——首都经济"集合了优势学科群，研究和编制中国 31 省（区、市）的创新能力指数。创新指数包含网络能力、持续创新、辐射能力、人才实现、价值实现、技术实现、攻关能力、创新资源 8 个方面的要素，又可以用自主创新综合产出能力和创新网络组织活动能力两个因子来解释，构成包括综合指数、创新因子、要素指数和创新指标等因素多个层面的创新研究公共信息平台。因创新资源有限，创新能力没有形成规模，失去拉动生产的价值。其原因是在产业发展驱动下，引入外来成果、在本地转化的同时，通过引进吸收与技术市场，产生了衔接创新产业辐射与引进的活力。创新并非主要集中于自然地理与当地特有的气候环境等因素的基础上研究创新。

由共青团中央、中国科协、教育部联合启动的"挑战杯"竞赛，是一项全国性的大学生课外学术实践竞赛活动，由"全国大学生课外学术科技作品竞赛"和"中国大学生创业计划竞赛"两个并列项目构成。每个项目均两年举办一届，它们的全国竞赛交叉交替开展。"挑战杯"的两项赛事，从组织、运作、协调到成功合作，真正意义上推动了我国高校大学生与社会间的交流、沟通与合作，是促进高科技成果向现实生产力转化的有效方式，是体现高校大学生自主创新能力的全国性的重大赛事。从 2024 年第十四届全国"挑战杯"创业计划大赛的情况看，建筑类高校大多数参加比赛，最后获奖的作品超过 400 项，与其他类型高校的获奖整体情况相比，还有一定的差距，建筑类高校大学生的自主创新的能力和水平仍有很大进步空间。

全国高校承担或者联合承担的国家重点实验室 162 个，在建筑类高校中都集中在老八校和新八校，普通建筑类高校在此项上还是空白；全国国防科技重点实验室 91 个，在建筑类高校中也是集中在老八校和新八校。经科技部、教育部认定的国家大学科技园 84 个，同样也是集中在老八校和新八校。由此可见，建筑类各院校特别是非老八校和新八校的大学生自主创新能力和水平亟待提高和加强。处于创新弱势区域的建筑类普通高校在科技与创新上占有很大的份额，但是与其他类型的高校比较，又不难看出迟缓与不足。

目前大部分建筑类高校在对大学生开展创新创业能力培养时都加入了实践环节，但更多的是局限或停滞于创业竞赛、创新项目大赛、报告指导、创业园或孵化基地等方面。高校受资金、专业、政策的局限，只能使很少一部分学生受益，很难全面提升全体学生的自主创新能力和创新创业综合素质等。而从大学生的角度来看，他们中的绝大多数都缺乏社会经验，在管理能力方面明显薄弱，社会人际关系无法做到和谐顺畅，没有较强的心理素质和挫败承受力。可见，大部分大学生暂时还不具备较强的能力和综合素质，在离开校园走向工作岗位或直接去创办企业公司时，可想而知其成功率会是多少？反之，那些具备较强创新创业能力和综合素质、相关实践经验和社会阅历的学生去创建企业，即使最终不能成就梦想中的事业，但至少其失败的概率与前者相比会很低。可见，实践环节的缺乏，会阻碍学生们创造力的发挥和探索求新的激情。

六、创新创业能力培养管理零乱，难以设置健全的组织机构

建筑类高校教育管理部门没有专门的创新创业能力培养的管理机构。根据调查得知，建筑类高校毕业生就业指导部门以就业携带创业的方式，开展了多期创业指导培训班，组织高校教师参加了其他高校的一些相关培训，组织了建筑类高校参加"昆山杯"大学生创业大赛。由所在省市团省委组织"挑战杯"等创业赛事。国家的相关文件精神在省级层面上对各高校和社会没有落实与督促，没有管理部门统筹考虑专业课教学、创新创业能力培养、大学生综合素质培养等方面的问题。

各建筑类高校都没有创新创业能力培养的专一管理部门，如：创业教育研究中心、创业教育学院等，只是在人才培养目标和一些文件中提及，基本没有落实的具体要求，大学生创新课外活动主要归属团委或学生管理部门负责，创业教育主要是由学生管理部门、就业指导部门、团委或者思想政治研究部负责。教务管理部门在创新创业能力培养教学中并没有起到主体作用。要想使创新创业能力培养实践活动更好地开展，就必须在实践中印证理论的可行性，将实践中的经验再提升为理论，反复在理论和实践中总结经验；就必须对创新创业能力培养与管理进行理论与学术研究。多年来，部分创业试点学校多次公开发表了创新创业研究性系列论文、GEM（全球创业观察项目）中国报告、《中国百姓创业调查报告》等。总之，开展创新创业能力培养的良好氛围还没有营造，大学生创新创业能力培养仍没有进入各学校领导的视线中，各学校对创新创业能力培养的重视程度远远不够，尚未将大学生创新创业能力培养真正纳入学校办学的核心指标体系中，缺乏专门的创新创业能力培养管理和研究的组织机构，很难与专业设置学科建设、教学评价等环节实现互动和联结。

七、创新创业能力培养评价机制缺乏，难以考核创业者的素质

创新创业能力培养评价是结合大学生的创新创业意识、思维、精神和技能培

养和提升程度，对教育的结果的合理的预期，及对社会价值的实现程度等方面做出客观判断的过程，是高校顺利实施创新创业能力培养的重要部分。

创新创业能力培养本身有较强的实践性，由于各建筑类高校在培养目标、教育级别等层面各有区别，在教育过程中经费匮乏，会直接导致创新创业能力培养基地建设的不到位，使其教育评价停滞于以传统方式进行考试、考核的层面上。然而，这种考试形式已不再适应创新创业能力培养的评价需要，创新创业能力培养如果没有最终的评价结果，也就自然不会出现最初的创新创业激情，而过程中的毅力与执着也会因此而一触即溃。由此可见，创新创业能力培养具有成本高、实践性强、成效滞后的特点。只有重视口试、笔试、实际操作，创建多元化、灵活性的科学评价反馈机制，同时，以创业计划书、企业单位调查报告等方式为评价内容，成立专门的考试考查管理机构，对企业、教师、学生等进行考评，对学生的创新创业综合能力给出合理、准确的判断和客观全面的评价，才能提高建筑类高校进行创新创业能力培养的积极性，才能使学生在充满创新创业能力培养氛围与空间中自主、宽松、真实地成长。从而真正避免教育资源的浪费、教育功能上的重叠和形式上的评价。大学生才能对创新创业能力培养结果有正确、合理的预期，进而真实客观地考核自己的综合素质和能力。

这种创新的考试、考核方式，具有实效性、多样性的创新创业能力培养质量评价机制，可以依据评价资料的反馈情况来改进与优化创新创业能力培养，客观地评价创新创业能力培养本身，进而在教育和评价过程中不断改进提高。评价时不仅要侧重学生对理论知识的掌握和记忆，还要侧重对创新创业能力培养客体的能力和素质等各方面的综合评价。

综上所述，开展创新创业能力培养是建筑类高校培养创新型人才的关键因素，是国家发展战略在教育领域中的新确证和新响应。开展和完善建筑类高校大学生创新创业能力培养刻不容缓。社会要积极创造条件和环境，真正、有效地落实创新创业活动与企业的对接，使大学生在不同产业中创业，在本职岗位上创新，以此降低因潜在的创业需求而产生的矛盾，从而促进建筑类高校的发展。建筑类高校必须对大学生加以正确引领和教育，从而保证创新创业能力培养的实施收到良好效果，真正担当起创新型人才培养的重任。

第七章　发达国家高等院校创新创业能力培养经验启示

第一节　美国高校创新创业能力培养发展历程及典型特征

一、美国高校创新创业能力培养发展历程

创新创业能力培养最早是在美国兴起并蓬勃发展，经过60多年的发展，目前已发展成为一套适配本国国情、系统完善的创新创业能力培养教育体系。其创新创业能力培养理论和实践研究均走在世界前列，演进轨迹与社会经济发展高度关联。从纵向来看，其发展历程可分为以下几个阶段。

第一阶段：创新创业能力培养教育起步阶段（20世纪40至60年代末）。这一阶段的主要特点是创新创业能力培养教育逐渐成为高校一门独立的课程，并且创业教育的相关学术研究也开始显现。1947年，迈尔斯·梅斯在哈佛商学院开设了第一门创新创业课程：新创企业管理，这也是全美大学校园开设的第一门创新创业能力培养教育课程，是世界高校真正开展创新创业能力培养教育的标志性事件。1949年，第一本关于创新创业能力培养研究的期刊《创业历史探索》问世于哈佛大学。1958年，麻省理工学院开始设置创新创业能力培养课程；1967年，百森商学院推出研究生创新创业能力培养教育课程，并设置了本科创业学专业。总体来说，这一时期创新创业能力培养教育的课程和研究性期刊已经出现，但是开设课程的学校极少，课程数量有限，创新创业能力培养教育发展仍处于萌芽状态。

第二阶段：创新创业能力培养教育初步发展阶段（20世纪70年代初至80年代末）。这一阶段，美国创新创业能力培养教育得到快速发展，创新创业能力培养课程的数量快速增加，开展创新创业能力培养教育的学校与日俱增，创新创业能力培养教育研究成果层出不穷。开展创新创业能力培养教育的高校数量从16所迅速增加到1000多所，且课程体系逐渐完善，相关的研究期刊已经成为当时国际公认的创新创业能力培养研究领域的重要刊物。值得关注的是，1983年得克萨斯州大学开启了创业大赛的先河，举办了首届"商业计划大赛"，同时这一时期的一些高校还建立了创新创业能力培养教育中心，美国创新创业能力培养教育发展进入快车道。

第三阶段：创新创业能力培养教育快速发展阶段（20世纪90年代初至20世纪末）。这一阶段美国进入信息化时代，借助互联网的辐射优势，创业门槛较低，创业人数激增，创业活动空前繁荣。一是开设创新创业能力培养教育的高校继续扩增，越来越多的高校开始设置创新创业能力培养专业和学位，在创新创业能力培养教育培养层次上，覆盖了大学本科和硕士研究生阶段。二是跨学科合作、研究的创新创业项目开始出现，创新创业能力培养教育日趋完备，创新创业能力培养教育开始迅速向专业化、系统化方向发展。

第四阶段：创新创业能力培养教育成熟阶段（21世纪至今）。经过60年的发展，这一时期的创新创业能力培养教育体系相当完备，创业学学科建设自成体系，课程体系非常完善，教学研究涉及跨学科联动，已经形成了科学、完备的创新创业能力培养教育体系。首先，创新创业能力培养教育课程的开设几乎覆盖所有高等院校，部分高校已经建立了完备的创业学本—硕—博人才培养体系，并且伴随着创新创业能力培养教育的进一步繁荣，全国各高校和社会性学术机构对创新创业能力培养教育研究进一步深化。其次，创新创业能力培养教育避免本科生过早专业化，课程设置注重文理兼修、理工结合、博专互补，把跨学科的教育理念落实到教学实践中来。最后，这一阶段美国高校重点强化创新创业能力培养教育师资培训，并且教师队伍建设注重"专兼结合"和"学科交叉"。

二、美国高校创新创业能力培养典型特征

据相关研究文献可知：作为起步最早、教育体系最完善的国家，美国创新创业能力培养教育具有典型特征和鲜明导向。一是创新创业能力培养教育目标紧扣国家政治、经济发展需要。美国创新创业能力培养教育从二战之后萌芽，到20世纪90年代进入蓬勃发展阶段，尤其是知识经济和技术革命到来之后快速发展，都充分显示出创新创业能力培养教育对国家经济的促进作用，体现出强烈的国家意志。二是美国高校创新创业能力培养教育鼓励跨学科。在师资方面，教师来源注重多学科交叉，形成复合型团队；在教学内容方面，涉及法律、管理、金融、战略等学科，致力于使学生形成多学科交叉的知识体系。三是依托网络课程，推广通识类教育。伴随着网络时代的到来，美国高校注重通过网络创新创业能力培养课程来实现通识教育，致力于使学生达到知识面宽、基础扎实、各学科互通的教育目标。四是依托校友资源，实现创新创业能力培养教育的良性发展。美国高校在创新创业能力培养教育过程中充分挖掘校友资源，利用创新创业能力培养领域知名校友的榜样示范效应来激励在校学生，同时还通过校友为学生提供与社会投资人、企业家接触、交流的机会。五是创新创业能力培养教育注重科技创新，美国高校创新创业能力培养教育注重聚焦于科学技术创新和学科方向突破，产教融合特征突出。同时，高校创新创业能力培养教育从体系设计、人才培养到学生自我创业整个过程，产业界都会深度参与并给予强力支持。

第二节　英国高校创新创业能力培养发展历程及典型特征

一、英国高校创新创业能力培养教育发展历程

英国高校自 20 世纪 80 年代开始掀起了创新创业能力培养教育的热潮。经过几十年的发展，目前已经处于国家创新创业生态系统的核心位置，在管理机制、培养体系和产教融合方面也是处于世界领先地位。纵观英国高校的创新创业能力培养教育发展历程，主要可以分为以下几个阶段。

第一阶段：创新创业能力培养教育初始阶段（1984—2004 年）。为了适应社会转型，提升人才培养质量，在英国教育部支持下，英国大学生创业全国委员会（NCGE）于 1984 年成立。1987 年，"高等教育 EHC 创业计划"的发起标志着英国高校开始全面发展创新创业能力培养教育。

第二阶段：创新创业能力培养教育成长阶段（2004—2014 年）。这一阶段，英国重点强调专业知识传授要与创业学习相融合，创业教育要覆盖学生各学习阶段，并且要与市场紧密结合。2013 年，英国政府在《激励愿景》文件中强调让学生在创业教育过程中注重提高人际交往、市场营销、领导能力等实践经验。同时，在高校创新创业能力培养教育中努力实现创新创业能力培养教育理念、创新创业思维和专业课程有机融合。

第三阶段：创新创业能力培养教育成熟阶段（2014 年至今）。这一阶段，英国创新创业能力培养教育注重加强过程监督与管理，注重提升人才培养质量。2015 年 12 月，英国教育部、高等教育制度监督委员会发布了创新创业型大学评估标准以及人才培养模式评估标准，加强创新创业能力培养教育的科学化评价，保护创新创业能力培养教育科研成果。转变创新创业能力培养教育观念，教育目的不再是鼓励学生开办企业，而是引导大众学习如何在自身工作岗位上突破资源束缚，创造社会价值和个人财富价值。

二、英国高校创新创业能力培养典型特征

一是政府大力支持，社会广泛参与。英国政府意识到创新与创业对经济发展与增长的决定性作用，注重政策驱动效应，借助社会组织的资源来助推创新创业能力培养教育发展，并努力营造良好的社会创业生态。二是英国的创新创业能力培养教育从中小学阶段就开始实施，并将创新创业融入教育的各个阶段，致力于从小就开始培养学生的创新思维，开发创新创业潜力，并做好各教育阶段的有效衔接，形成一套从小学到大学"一体多段"的培养体系。三是高校注重对创新创业师资进行培训和拓展。学校会定期组织教师进行培训、轮训、实训和对外交

流,不断丰富和完善其创业知识结构和实践能力;加强创新创业能力培养教育国际交流与合作,鼓励并资助教师出国进修,拓宽教师的国际化视野。四是高校创新创业能力培养教育教学方法灵活多样。一方面,利用互联网技术,如慕课、翻转课堂、在线讲座等来推广线上课程;另一方面,借助新媒体技术,通过推特等社交媒体来宣传、推广创新创业项目,有效地吸引风险投资。

第三节 法国高校创新创业能力培养发展历程及典型特征

一、法国高校创新创业能力教育发展历程

据相关研究,虽然法国创新创业教育起步较晚,但是"企业家"一词发源于法国,创新创业能力培养教育在法国的发展历程主要有以下几个标志性时间节点。

第一阶段:受资本主义周期性生产过剩影响,为了应对金融危机的冲击,在20世纪70年代法国政府开始颁布创业支持政策,鼓励人们进行自主创业。伴随着经济复苏,在部分高校的商学院开始增设企业家培训课程。这一时期诞生的法国高等商学院"创业培训"课程,被认为是法国创业教育的开端。

第二阶段:20世纪90年代末期,法国开始注重创业教育在高校中的推广,政府出台相关文件倡导高校课程里面融入创业知识与技能。尤其值得称赞的是当时教育管理者认为创业教育对象不仅要聚焦精英学校学生,而且要覆盖更广泛的范围;除了高等商学院和工程师学校的学生外,人文社科、工科和艺术的学生也需要开展创业教育。

第三阶段:2009年,法国教育部实施了"大学生—创业者"计划,这一计划真正将"创业教育"引到了高等教育的政策领域。2010年在教育部的倡导下,约有300家高校(其中有70余所综合大学)开始为学生编制创业教育教材《创业参考》。同时,政府还出台一系列政策加大对创业的支持力度,比如,在高校中设立多样化的创业奖学金,鼓励大学生勇于尝试创业项目;设立"高校年轻企业计划",重在为初创企业减税,增加创业保障政策。此外,政府助力推动校企合作,实现企业对高校创业项目提供有效指导。

第四阶段:2014年以来,法国教育部进一步强化学校与企业之间的紧密合作,并且致力于打造创业教育大中小学一体化体系。2014年,法国教育部颁布了一条创业教育的指导方针。方针要求创业教育应该是跨学科的教育,学校要注重创业教育课程的交叉融合,尤其应该开设一些经济学、管理学和职业定向类课程。此外,方针提到创业教育应该由高校向中小学渗透,让小学生主动定向未来的职业选择,为更好地融入职场与社会做好准备。

二、法国高校创新创业能力培养典型特征

法国是当今世界科技强国之一，拥有卓越的科研体系。同时，法国还是一个非常重视创新创业的国家，其创新企业数量在欧洲排名第一，总体来看其创新创业能力培养教育具有以下几个典型特征。一是重视发挥竞赛引领作用。为激发大学生的创业热情，法国设立多样性的大学生创业奖，鼓励在校大学生的创新创业精神，促进高校科研成果的高质量转化。二是建立科研成果便于转化的机制。系统集成科研成果转化机制。为应对全球信息技术革命挑战，法国政府在全国范围内按照领域划分组建了多个科学联盟，对全国科研版图进行重新布局，力图打破原有体制机制束缚，为科技成果转移转化疏通脉络。三是对创业项目广泛实施税收优惠政策。法国设立了针对高校创业者的"高校年轻企业计划"，致力于通过减免税收，助力初创企业度过发展瓶颈期。

第四节　日本高校创新创业能力培养发展历程及典型特征

一、日本高校创新创业能力培养发展历程

日本创业教育始于20世纪60年代，作为一种新的教育理念，日本将创业教育作为培养未来富有挑战性人才的战略。从20世纪80年代初期开始，创业教育得到快速发展，仅经过30余年，就已形成比较完整的创新创业能力培养教育体系，探索出了具有自身特色的创新创业能力培养教育模式，并且在高校人才培养中发挥了重要作用。其发展历程主要有以下几个阶段。

第一阶段：创新创业能力培养教育起步阶段（20世纪60至80年代初）。20世纪60年代，日本经济呈现高速增长，社会各类产业迅速扩增，社会对高水平科技人才和专业技术人才需求急迫。为适应社会发展，部分高等学校开始修正人才培养模式，主动与相关产业对接，实施"产学研合作"人才培养模式，致力于培养产业应用型人才。同时，一部分高校开始设置创业指导类课程，鼓励具有技术专长的人才去尝试创业。

第二阶段：创新创业能力培养教育发展阶段（20世纪80至90年代末）。20世纪80年代末期，日本工业化大生产模式走到尽头，社会经济陷入低迷。在"知识价值社会"理念推动下，日本政府开始更加关注学校创业教育，希望依托创业教育来提升社会经济发展的活力。此时，日本政府进一步调整高校教育理念，把培养能够创造新价值的创业型人才作为重要战略目标。1998年，日本高校开始实行"企业见习制度"，通过企业见习提升学生的专业实践能力，激发学生的创业意识。同时，借助特色课程和专题讲座，进一步加强创业文化宣传，力

争让创业教育理念深入人心。此外,这一时期日本政府注重学习和借鉴国外创新创业能力培养教育经验,鼓励青年大学生注重学习国外先进的创新创业能力,培养教育经验,并聚焦民族精神进行本土化创新。

第三阶段:创新创业能力培养教育成型阶段(21世纪以来)。进入21世纪以来,日本政府提出"创业家精神"理念,引导全体国民树立创新创业的价值导向。在这样的社会背景下,日本高校开始加大力度,以培养"创业家精神"为核心,从多角度推动创新创业能力培养教育在学校的广泛发展。通过学校的强力推动,这一时期的创业教育呈现出规模化、系统化发展。日本早稻田大学和大阪商业大学等200多所高校都形成了完善的创业教育体系,创新创业课程覆盖到全校所有的本科生和研究生,并依据专业分类进行了差异化、精准化培养。此外,有少部分学校还开设了创新创业能力培养教育专业,对创新创业能力培养教育的专业化培养进行了初步探索。同时,这一时期所形成的"官产学"三位一体协同发展模式是日本创新创业能力培养教育的典型特征。

二、日本高校创新创业能力培养典型特征

一是"官产学"协同发展,构建完善的教育体系。在创新创业能力培养教育实施过程中,政府、产业和学校三方依据领域优势,分别从不同路径为创新创业能力培养教育提供全方位支持。政府层面把创新创业能力培养教育定位为国家发展的战略性课题,为创新创业能力培养教育发展指明方向。产业界积极为学校的创新创业能力培养教育提供社会反馈和行业支撑。学校依据社会人才需要视角出发,从理念、课程和保障等方面入手,不断优化人才培养体系。二是加强国际交流合作。日本政府时刻关注国际形势的变化,重视创新创业领域的国际合作,出台相关政策鼓励青年学生主动学习借鉴国外优秀教育经验,以便参照相似情境来优化本国的创新创业能力培养教育。

第五节 发达国家著名大学创新创业能力培养经验

一、加州大学伯克利分校创新创业能力培养经验

加州大学伯克利分校于1868年成立,是一所公立的综合性大学,被PitchBook评为全球培养最多企业家大学第二位,仅次于斯坦福大学。在2006年至2020年,该校本科生创办的公司共有1225家曾获得过首轮风险资本投资,筹集资金高达363亿美元,学生创新创业成效显著。该校已经实现了从传统研究型高校向创业型高校的转变,建立了一个完备的创新创业类工程教育体系,致力于为全球提供具备创新思维、创业技能、管理能力和领导力的科技人才。该校的创新

创业能力培养主要有以下特点。

（1）以培养工程领袖为教育目标。加州大学伯克利分校工程学院以培养工程领袖为教育目标，致力于培养多元化的学生和教员。工程学院的副院长菲尔·卡明斯基教授认为，创新创业能力培养的目标并不是让所有学生都去创办公司，而是具有创业者潜力，如创新精神、团队领导能力、识别机会与风险的能力以及敢于挑战和应对失败的能力等。这一观点反映了创新创业教育的真正目的，也反映了行业市场对人才培养的需求。加州大学伯克利分校工程学院以培养学生在专业领域的创新创业能力为宗旨，强调创新思维和行为、新兴工业领域以及科技三者的深度结合，实施以工业为导向的具有专业性质的创新创业教育，培养具有创新创业思维和能力的行业技术领导者。

（2）成立专门的创新创业能力培养机构。学校成立了专门的创新创业能力培养机构，开展创新创业能力培养教育。该校的创新创业中心主要由两个部分组成：莱斯特创业中心和科技创业中心。莱斯特创业中心面向全校开设创新创业课程，开展创新创业活动，举办学术论坛，而科技创业中心则是面向工程学科，为其设计创新创业课程，促进科技与工程领域的创新创业。除此之外，伯克利大学生创业者组织、伯克利创业协会、凯洛斯创业与创新协会、企业家协会等组织也为学校的创新创业教育提供了各方面的支持，包括为学生讲授创新创业知识、提供实践平台等。

（3）创设一系列以项目为主的分层课程。学校认为目前工程专业的学生在创新创业课程上所获取的商业知识是片面的，仅局限在理论层面的，获取创业技能并不是一件难事，难在如何提高学生在工程核心领域的创新能力和创业意识。因此，针对工程学科的学生，学校特别开设了以项目为基础的创新创业类课程，课程内容涵盖创新创业意识、科技创业知识和实践能力的培养，让学生在真实的创业环境中实践创业技能，提升创新能力和创业意识。学校所提供的项目式的创新创业课程有别于普通的以知识传授为主的创新创业课程。该课程以培养学生的创新创业精神、团队组织能力和产品管理能力为目标，以最前沿的科技发展趋势为导向。教师在课堂中将科技创新与企业管理有机结合，通过分组的方式进行项目研究。在课程中，学生将高科技技术转化为公司项目，同时进行技术分析和企业管理能力的培养。这种项目式的课程能促进学生在实践中践行所学的理论，在真实的创业过程中提升创新创业能力，收获先进的技术与思维方式，实现创新创业教育、专业教育和行业市场的融合，彻底消除理论与实践、学术界与工业界之间的界限。

同时，学校还采用分层课程体系，开设了不同的创新创业课程，一种是普适性的创新创业课程，另一种是具有学科性质的创新创业课程。普适性的创新创业课程主要面向全校的学生，以期激发学生的创业热情，传授基础的创业知识；具有学科性质的创新创业课程主要是面向商学院和管理学院的学生，旨在培养具有专业性质的创新创业人才。为了启发本科生的创业思维，提升创业兴致，学校开设了创业初期课程和情景课程等。在研究生阶段，进行逐步递进，向深化细分发展。

除此之外，为了促进跨学科人才的培养，加州大学开展了专门的跨学科项目。加州大学伯克利分校工程学院与哈斯商学院合作开展了一项针对本科生的管理、创业和技术项目（Management Technology Entrepreneurship），旨在促进商业和工程领域的跨学科交叉，为那些对工程学科和商业均感兴趣的学生提供双学位机会，培养既具有专业的工程技术又具有市场基础知识的综合型技术性管理者。该项目自2020年开始实施，为大一学生提供"生物技术＋商业服务""电机工程与电子信息科学＋商业服务"和"管理科学与工程项目＋商业服务"等七个学术研究方向，帮助学生掌握科技行业的项目和基本的管理机制。该项目整合了工程学院和商学院的资源，让学生能够在跨学科的环境中进行学习和探索，并最终成为能够在技术领域和商业领域都有所建树的综合型人才。

（4）采用多元化的教学方法。学校的教师在教学的过程中逐渐形成了自己独特的教学方法，即"伯克利创业教学法"。伯克利创业教学法的核心在于将教师转变为课程的组织者和管理者，教师通过提供结构不完善的问题，让学生直接与问题互动。学生自主探索解决问题的方法，最后反思整个过程中所学到的知识。同时，伯克利创业教学法非常注重创业体验、竞争性学习和游戏学习，2/3的课程都是通过案例和体验的方式进行教学。

除了伯克利教学法，学校还鼓励教师在授课过程中采用其他多样教学方式。如邀请了各地区的创业者、风险投资家、法律顾问等专业人士入驻课堂，也通过网上沟通、电话等远程方式为学生提供有针对性的指导，帮助他们更好地应对创业中的挑战和困难；开设了一些多教师合作教学的课程，比如创业导论、创业概况和创建新企业等课程，均是由两位教师同时授课，让学生体验多样化的创业风格和成果经验。

（5）建设具有创业经验的师资队伍。学校十分注重教师团队建设，培养了一批学术能力超强且具有企业实战经验的教师团队。首先，鼓励教师进行学术休假，进行校外专业活动，以提升教师的创新创业能力水平。学校认为，学术休假能让教师有更多的时间和精力了解最新的行业需求和最前沿的资讯。教师与行业最新情况进行深度接触和互动有助于他们更加敏锐地选择研究项目，并使他们更好地理解将基础研究转化为产品过程中所面临的前沿问题，从而使研究更贴近实际应用。其次，学校将技术发明和成果与教师的升职联系起来，鼓励教师进行科研和创新创业实践。在学校的学术人员手册中，明确规定了教师们提出的新观点或原创学术研究被认为具有创造性时，在职称评定时会被充分考虑。此外，教师也可凭借在本行业领域取得成就或者通过新方法新技术解决行业内存在的现实问题来进行升职。

学校不断促进教师科研水平的提高和实践经历的积累，培养了一大批创新创业人才。这些人才在创业过程中取得了成功，并将成果转化为企业案例，成为学校创新创业课程与项目的重要内容。

二、斯坦福大学创新创业能力培养经验

斯坦福大学成立于1891年，坐落在美国加利福尼亚州，是世界知名的学府。该校以其卓越的教育、研究和创新的能力而著称，其创业教育也成为全球公认的范例。2012年，由斯坦福大学校友创办的企业年度营收总额达到2.7万亿美元，如果将这些企业组建成一个新的国家，那么将成为全球第十大经济体。斯坦福大学从一所"乡村大学"迅速崛起为全球一流的学府，其理工学科在国际上也迅速取得了领先地位，大量的研究成果和众多的顶尖人才层出不穷。从这一发展历程中可以明显看出，创新创业教育一直是学校保持竞争优势的核心。学校的创新创业教育主要有以下特点。

（1）树立正确的人才培养目标。学校一直秉持实用主义的教育理念，将创新创业教育贯穿于教育始终。建校之初，学校就明确了为学生未来做准备的培养目标，相比当时的其他高校，学校更注重实用主义的特色。2012年，《斯坦福大学本科教育研究报告》进一步指出了学校的教育目标：培养学生掌握知识、塑造技能与能力、培养责任感、提高适应学习的能力。换言之，学校从多个角度全面培养学生，提升他们的综合实力，包括知识、能力和思维。在教育目标的指引下，各学院也明确了各自的教育目标。工程学院旨在培养大学生在工程、科技、学术以及社交等领域担任领导者和创业者的能力，医学院则致力于将医学生培养成为具备医学技术和领导力的人才。学校的教育理念促使各学院在培养过程中不仅传授知识，还注重通过实践培养学生的创新能力和领导能力。

（2）建立完善的课程体系。自20世纪60年代末开始，斯坦福大学商学院在硅谷创业风潮的影响下率先开设了创新创业教育课程。现今，学校在创新创业课程建设方面已经取得了显著的成就，形成了成熟的创新创业课程体系。其课程体系主要包括：单独的创新创业课程、综合课程和基础课程。综合课程以跨学科和跨专业为出发点开设，主要包括国际关系研究、金融数学、生物电子学等40门课程。基础课程主要是在人文、艺术、哲学等学科上设置基础知识课程，通过选修的方式，使学生掌握一定的通识知识。同时，学校各个学院还会根据自身学科的特点进行设置创新创业课程，例如工程学院开展了技术创业项目（STVP）。STVP将工程教育与创新创业教育相结合，将专业教育与通识教育有机结合，以技术创业为核心，与硅谷共同构建创新创业能力培养协同机制。在教育理念上，STVP秉持着将创新创业教育与工程领域相结合的原则，力图提升工科大学生在不同领域中担任领导者和创业者的能力。为此，STVP为工程领域的学生专门开设了"创业工程师"等课程，重点关注技术创业领导力以及高科技创业知识及能

力的培养,旨在培养出拥有广博跨学科知识和扎实专业技能的科技人才。在教育模式上,斯坦福大学的STVP项目已经形成了"课程教学—创业科研—外延拓展"三位一体的科技创业教育模式。首先,通过课程教学来传授基础的创新创业知识和技能。课程教学主要是指科技类创新创业课程、主题讲座和学科培训项目等。其次,通过科学研究来支持技术创业研究,科研活动主要是指学术交流会、科创项目等。最后,通过外延拓展活动巩固教育成果,外延拓展活动主要是指网络信息平台、午餐会、圆桌会议等。此外,斯坦福大学在课程的内容设置上贯彻由浅入深的原则,以满足不同学术水平的学生的阶段需求。从本科生到博士生,各个阶段的学生均可接受不同层次的有关高科技领域和创新创业领域的课程教学。例如,斯坦福大学为本科生开设了基础的创新创业课程,而为研究生开设了高水平创业管理等讨论课程。

(3) 鼓励教师积累创业经验。教师的教学质量是创新创业教育质量提升的关键。斯坦福从创校之初,就认真负责地对教师进行选拔和培养,主要招收来自外校的优秀人才,几乎不招聘本校培养的学生,以此为本校的教育注入新鲜的活力。斯坦福的创业教师队伍中除了本校教师以外,还邀请具有既有创业经验又具有良好学术背景的人士来兼职教授和进行科研工作,如企业家领袖、校友投资人、企业技术专家和优秀创业人才。为了提高在岗教师的创新创业水平,斯坦福大学通过各种措施鼓励教师积累创业经验。第一,学校鼓励教师和研究人员每周利用一天时间到企业进行兼职,并允许他们在1~2年的时间内完全不从事校内工作,到硅谷创办自己的企业或者加入已有的科技企业中担任兼职职务。第二,斯坦福大学的正教授和副教授均享有终身聘任的特权,但为了确保教学和科研水平维持在较高水平,他们需要自行筹集科研资金。学校设有教师创业专用的孵化资金,教师需依靠自己的努力与行业企业合作才能获取资金,启动科研项目。第三,通过建立利益分配制度,鼓励院系以及教师创业。斯坦福大学按利益共享原则,建立了专利许可收入分配制度,技术许可办公室从专利许可毛收入中提取15%作为专利申请费和办公费,剩下的收入由发明人及其所属院系自行分配。该举措极大地调动了教师创业的积极性,也促进了院系对教师创业方面的重视。第四,斯坦福每年都会聘请企业高管担任兼职教师,同时邀请成功的创业者到学校演讲,参加创业论坛,让本校教师从他们的成长历程和工作经历中获益。

(4) 建设产学研协作平台。斯坦福大学积极地促进产学研协作平台建设,为学生提供了实践的土壤,促进学生技术成果转化。首先,将企业引入课堂。为了促进课堂与市场的紧密联系,斯坦福大学经常邀请企业代表来校授课。例如,斯坦福大学曾经邀请Apple公司的员工来到课堂上,指导学生研发产品,并将其在Apple公司销售,建立了学生与市场之间的桥梁。其次,斯坦福大学特别设立了产业合作部门,以加强学校与企业之间的联系。产业合作部门努力推动学校与产业的合作,包括为科研项目提供财力物力的支持以及协调联合项目的开展等。产业合作部门致力于推动学校与产业界之间的合作，包括为科研项目提供资金和物质支持，以及协调联合项目的开展等。除此之外，斯坦福大学还建立了斯坦福研究园。在斯坦福研究园，企业可以使用斯坦福大学图书馆资源、招聘校内学生到企业就业或者实习、开展联合科研项目、咨询教师技术或者管理方面的问题；斯坦福大学则可以得到企业的资金资助、组建企业教师团队等。斯坦福研究院吸引了一大波企业在此建立公司，也为校企合作搭建了良好的平台。

三、春田学院创新创业能力培养经验

美国春田学院是一所综合类院校，创办于1885年。该校工程创新创业能力培养极具特色，具体特征可以归纳为以下几点。

（1）注重实践性。强调学生在工程领域中积累实践经验。学校设有设施完善的工程创新创业中心，并且免费为学生提供实践机会，例如商业路演、创业竞赛、模拟实践等。

（2）跨学科合作。学校工程创新创业能力培养倡导跨学科合作，课程内容丰富多彩，创新创业项目通常需要涵盖商业、法律、技术等多个领域的知识，因此学校通常会将不同学科的课程和资源整合起来，帮助学生在跨学科团队中开展创新和创业项目。

（3）教育过程中突出商业模式和市场机会。学校创新创业能力注重培养学生对工程商业模式和市场机会的了解。学校的管理学硕士项目和商业管理硕士项目会将创新创业课程纳入课程体系中，帮助学生了解产业的商业模式和市场机会。

（4）强化创新意识培养。学校通常会组织一系列活动和课程，如创业讲座、创新比赛等，以此来鼓励学生寻求创新和解决实际问题。

（5）提供支持和资源。学校为工程创新创业能力培养提供支持和资源，以助力学生成功创新和创业。例如，学生创业中心免费为学生提供决策咨询、创业资金支持等。

（6）注重通识教育，筑牢学生创新创业知识基础。学校注重利用通识课程开阔学生的知识视野，提升学生的人文、科学和艺术素养，为学生提供一个宽厚的理论知识基础，增强大学生的可塑性和适应性。

总之，春田学院创新创业能力培养的具体特征包括强化通识教育，注重学科交叉与实践体验，侧重市场机会开发，培养创新意识以及提供资源支持。这些特征为学生提供了丰富的机会和资源，帮助他们在体育领域中获得成功。

四、拉夫堡大学创新创业能力培养经验

拉夫堡大学是一所位于英国拉夫堡的公立大学，始建于1909年。第一次世界大战后，拉夫堡大学借由英国军事工业的研究需要而迅速崛起，并在1966年

被授予皇家宪章，是米德兰兹创新联盟的创始成员之一，从一所小型技术研究所，最终成为一所工科、技术和教育的综合大学。拉夫堡大学在教学、科研与就业方面享有崇高的国际声誉。在 2017 年英国政府全国教学卓越框架（TEF）中，拉夫堡大学荣获最高荣誉金奖。在泰晤士高等教育学生体验调查中，连续 8 次名列全英第一位。在 2020QS 毕业生就业竞争力排名中位列全英第十五位。共获得 7 次英国大学最高荣誉奖——英国女王年度奖。拉夫堡大学商学院是同时拥有 AACSB、EQUIS、AMBA 以及 CIM 四重认证的世界前 1% 顶尖商学院之一。艺术与设计类专业 2022QS 世界排名第二十七，全英第四，专业排名高于斯坦福、牛津大学等，卫报大学指南排名保持全英第二。体育专业在 QS 世界大学学科排名世界第一，软科全球体育类院系学术排名世界第四，REF 英国研究水平第一。计算机科学专业卫报排名全英第四，电子电气工程、土木工程、机械工程、化学工程等工科类专业均排名英国前十。拉夫堡大学创新创业能力培养教育具有独特的创业实践课程，创新创业模式注重数字赋能。总体上来看，其工程创新创业能力培养具有以下特征。

（1）提高创新创业实践性和社会责任。该校工程创新创业能力培养非常重视实践性和社会责任。学生不仅可以在校内参与实践课程，还有机会在工程行业中实际运用所学知识。同时，学校工程创新创业能力培养还注重培养学生的社会责任感，强调解决社会问题和推动可持续发展的重要性。

（2）借助数字化和科技赋能。该校工程创新创业能力培养强调数字化和科技创新赋能。在学校的工程创新中心和创业中心，学生可以接触到最新的数字技术和科技创新，这有助于他们开展数字化营销、数据分析等工作。数字化技术在工程领域中的应用也是这所大学工程创新创业能力培养的一个主要特点，如智能工程设备、虚拟现实技术等。

（3）创新创业项目全球化。该校工程创新创业能力培养非常注重全球化。学生可以通过各种合作项目和国际交流活动，了解全球工程创新创业领域的趋势和机遇。学校与国际工程相关组织和企业建立合作关系，提供全球化的实践机会和项目支持。

（4）注重做好职业准备。学校工程创新创业能力培养注重做好职业准备，帮助学生在工程产业中获得职业技能和工作经验。学校设有工程创新中心和创业中心，为学生提供实习机会、职业指导、校友网络等。

（5）拓展社交网络。学校工程创新创业能力培养注重社交网络的建立和维护。学校通常会举办各种活动和会议，如创新创业峰会、创业交流会等，为学生提供与其他创业者、导师、投资者等建立联系的机会。这些社交网络有助于学生建立自己的专业网络并为将来的职业发展做好准备。

综上所述，拉夫堡大学工程创新创业能力培养的特点包括实践性和社会责任、数字化和科技创新、全球化、职业准备和社交网络的建立。这些特点有助于学生在工程创新创业领域中获得实践经验和职业技能，提高创业成功的机会。同时，也有助于学生在全球范围内建立专业网络并增强对全球工程创新创业领域的了解和洞察力。

五、创新创业典型案例

1. 乔布斯与苹果公司

作为苹果公司的联合创始人，乔布斯曾在1985年被当时外聘的CEO扫地出门。那时，他还被很多人认为是一个喜怒无常的管理者，他曾经倡导的创新变革及他所坚持的全面控制也带来诸多枝节问题。1997年，乔布斯重新掌管苹果公司。10年后，苹果公司的股票每股已从7美元飙升至74美元，市场价值620亿美元。这都归功于乔布斯在重回苹果公司后采取的一系列措施。

（1）乔布斯采取的第一个措施就是削减苹果的产品线，把正在开发的15种产品缩减到4种，而且裁掉一部分人员，节省了营运费用。之后，苹果公司远离那些用低端产品满足市场份额的要求，也不向公司不能占据领导地位的临近市场扩张。

（2）发挥苹果公司的特色。苹果公司素以消费市场作为目标，所以乔布斯要使苹果成为电脑界的索尼。1998年6月上市的iMac拥有半透明的、果冻般圆润的蓝色机身，迅速成为一种时尚象征。在之后3年内，它一共售出了500万台。如果摆脱掉外形设计的魅力，这款利润率达到23%的产品的所有配置都与前一代苹果电脑如出一辙。

（3）开拓销售渠道，让美国领先的技术产品与服务零售商和经销商之一的CompUSA成为苹果在美国的专卖商，使Mac机销量大增。

（4）调整结盟力量。同宿敌微软和解，取得微软对其1.5亿美元投资，并继续为苹果机器开发软件。同时收回了对兼容厂家的技术使用许可，使它们不能再靠苹果的技术赚钱。

（5）随着个人电脑业务的形势越发严峻，乔布斯毅然决定将苹果从单一的电脑硬件厂商向数字音乐领域多元化发展，于2001年推出了个人数字音乐播放器iPod。到2005年下半年，苹果公司已经销售了2200万台iPod数字音乐播放器。在iPod推出后不到一年半时间，苹果公司的iTunes音乐店也于2003年4月开张，通过iTunes音乐店销售的音乐数量高达5亿首。在美国所有的合法音乐下载服务当中，苹果公司的iTunes音乐下载服务占据了其中的82%。与此同时，苹果公司也推出适合Windows个人电脑的iTunes版本，将iPod和iTunes音乐店的潜在市场扩大到整个世界。通过iPod和iTunes音乐店，苹果改写了PC、消费电子、音乐这三个产业的游戏规则。

（6）每当有重要产品即将宣告完成时，苹果公司都会退回最本源的思考，并要求将产品推倒重来。

乔布斯真正的秘密武器是他具有一种敏锐的感觉和能力，能将技术转化为普通消费者所渴望的东西，并通过各种市场营销手段刺激消费者成为苹果俱乐部的一员。

2. 马斯克：科技与创新的先锋

埃隆·马斯克是一位充满激情和野心的企业家、工程师和慈善家，出生于1971年6月28日。他的故事充满了创新和冒险，从南非的比勒陀利亚到全球的科技舞台，他的影响力无处不在。

马斯克从小就展现出对科技的浓厚兴趣。在麦吉尔大学攻读物理学和经济学双学位后，他转战斯坦福大学，虽然未能完成博士学位，但他的创业之路就此开启。1995年，他与 Max Levchin 和 Peter Thiel 共同创立了 X.com，后来更名为 PayPal。PayPal 的成功让马斯克积累了第一桶金，最终被 eBay 以约1.5亿美元收购。

PayPal 的成功只是马斯克科技帝国的一个起点。他的目光转向了太空探索和可再生能源领域。SpaceX 的成立标志着人类对火星殖民愿景的开始。SpaceX 成为第一个成功回收火箭的私营公司，并与 NASA 签订了多项合同。

同时，马斯克还创立了特斯拉（Tesla），致力于推动可持续交通和减少对化石燃料的依赖。特斯拉的电动汽车技术引领了整个行业，受到全球消费者的青睐。

此外，马斯克还投资和创立了其他一些公司，如太阳能公司 SolarCity、人工智能公司 OpenAI 和地下高速交通系统公司 The Boring Company 等。他的每一个项目都充满了颠覆性思维和创新精神。

马斯克以其对科技创新的追求和颠覆性思维而闻名。他的目标是改变世界，解决人类面临的重大问题，如气候变化、能源危机和太空探索。他的努力和影响力为他赢得了全球范围内的崇拜和尊重。

3. 硅谷：科技与创新的摇篮

硅谷，这个全球科技巨头云集的地方，其创新力量远不止于 IT 领域。生物科技在这里同样大放异彩，成为硅谷的另一大亮点。

硅谷拥有两所美国顶尖的医学院——旧金山加大医学院和斯坦福医学院，以及世界闻名的伯克利加大化学系。再加上充沛的风险投资，这里为生物医药公司的诞生提供了得天独厚的条件。

虽然创办生物公司比 IT 公司更为艰难，因为要应对美国食品与药品管理局的严格监管，但硅谷的创业者们依然勇往直前。基因泰克公司就是一个典型的成功案例。这家公司依托于旧金山加大医学院，专注于研发抗癌药物，如 Avastin 和 Rituxan 等。在被瑞士罗氏公司收购前，基因泰克曾是全球最大的生物药品公司，拥有上万名员工，包括无数杰出的科学家，多次被评为全美最佳雇主。

在科技行业，人的因素至关重要。像微软和 Google 这样的公司，资产在市值中所占比例微乎其微。科技公司的期权制度确保了员工除了工资外,还能分享公司的利润。在硅谷,一般员工的股权可以占到公司总股权的10%～15%。像Google、英特尔这样的大公司,以及Facebook,都有数十亿美元的财富掌握在员工手中。员工的股票收益甚至超过了他们的工资,这就是他们拼命工作的动力源泉。

硅谷对员工的宽松管理也是其创新文化的一部分。员工跳槽甚至利用职务之便进行发明创造,只要不涉及偷窃技术,硅谷通常会采取入股的方式实现双赢。这种宽松的环境使得硅谷的主流生产关系成为世界上最先进的,也正是这种关系保障了硅谷的创造力长盛不衰。

尽管硅谷可能会失去一些半导体公司,但它的创新精神将永远存在。因为硅谷的经济主要依靠科技进步,所以2008年的金融危机对它的影响微乎其微。未来,硅谷的竞争将更加激烈,旧的公司和产业会消失,但新的公司和产业会不断涌现。硅谷始终是年轻人实现梦想的地方。

4. 以色列:创新与科技的奇迹

以色列,这个位于中东的国家,以其卓越的科技成就和创新能力而闻名于世。根据统计,以色列每百万人口中就有12位诺贝尔奖得主,这一数字令人惊叹,充分体现了该国在科学研究和技术创新方面的强大实力。

以色列不仅是世界上拥有最多科技公司的地方之一,每百万人口拥有385家科技公司,而且还是专利申请最多的国家之一,每百万人口有109项专利申请。这些数据展示了以色列人民的创业精神和创新意识。

风险投资方面,以色列同样表现出色,每百万人口有1700万美元的风险投资,这为创新项目提供了坚实的资金支持。此外,以色列的科技出口额占其总出口额的45%,这一数字再次证明了以色列在科技领域的全球影响力。

以色列在农业、水利、医疗、通信、网络、安全、航空、太空等领域都有着卓越的表现和影响力。以色列人民的智慧和勇气,不仅创造了世界上最先进的农业技术和水利工程,还在医疗领域取得了重要突破,为全球健康事业作出了巨大贡献。

以色列的创新能力不仅体现在科技领域,还渗透到社会生活的方方面面。这个国家的创新精神和实力,无疑为全球其他国家提供了宝贵的经验和启示。

第六节 发达国家高校创新创业能力培养启示

从美国高校创新创业教育呈现的特征来看:美国高校强调学科交叉融合对创新创业能力培养发展的促进作用。美国高校创新创业能力培养注重意识培养、教育过程强化实践性,课程安排强调跨学科,课程内容突出商业模式和市场机会。从英国高校创新创业能力培养发展的过程来看:政府政策驱动是创新创业能力培养发展的动力机制；创新创业教育发展过程中注重产创融合和校企联动，学校构建了较好的创新创业能力培养生态系统。学校重视培养师资创新创业能力的提升和知识拓展，会定期组织教师进行培训、轮训、实训和对外交流，鼓励并资助教师出国进修，拓宽教师的国际化视野。同时，英国高校在创新创业能力培养中还注重实践性和社会责任，借助数字化赋能科技创新，建立辐射全球化的社交网络。从法国高校创新创业能力培养发展过程中我们可以看出：法国在创新创业教育中重视教学方法的开发和研究，法国高校创新创业能力培养注重学科的整合和职业导向。从日本高校创新创业能力培养发展过程中我们可以看出：日本高校创新创业能力培养注重将实践导向和社会问题导向与日本独特的文化相融合，倡导个性化和自主性，创新创业能力培养注重构建产、学、研三位一体的协同发展模式。总体上来看主要有以下几点经验值得我们关注。

（1）确立正确的教育目标。教育目标是创新创业能力培养发展的重要路标，贯穿在创新创业能力培养的整个过程。加州大学伯克利分校的教育目标是培养工程领袖；斯坦福大学则以培养学生掌握知识、塑造技能与能力、培养责任感、提高适应学习的能力为教育目标。从这两所大学的创新创业能力培养经验来看，教育目标对于培养创新创业人才至关重要。教育目标的确立不仅能够促进课程设置的调整，使课程内容更加符合社会和人才需求，还能够促使教师对学生进行针对性的教学，使学生的学习更加有效和高效，从而培养出满足市场需求、顺应时代发展的创新创业人才。因此，教育目标是创新创业能力培养的重要组成部分，对人才培养有着至关重要的影响。高校要在实践中不断探索，找准自身定位，形成正确的教育目标。

（2）具备战略性的创业教育理念。只有正确的教育理念才能够真正确保正确的创新创业能力培养目标和宗旨。在西方发达国家，创新创业能力培养活动是适合绝大部分学生，而非单纯让某个学生或少数学生成功创新创业的有教无类式的教育，具有广泛性和普及性。只有把培养创新型和创业型人才发展方案归纳到高等学校的培养目标中，实现受教育者的创新精神、创业素质、冒险精神的不断培养与提升，令所有受教育者能够具备自主就业与自主创业的双选择的新观念，并为创新型社会和国家贡献力量，才可称为是成功的创业教育。当然，任何成功的教育都不会单纯依托学校自身能力进行下去，都离不开社会群体的支持与资助力量。只有依托那些非营利组织及企业的无私资助，为学校创新创业能力培养教育提供物力、财力和人力资源的援助，才能为创新创业能力培养提供有效保障，使高校创新创业能力培养持久与循序渐进地发展，使各类企业与组织因创新创业型人才和新鲜血液的加盟更具时代性和创新性。

（3）政府与社会的高度重视，实现双重扶持。在西方发达国家，人们为各种基金会和联合会等相关组织提供相应资金，用以资助西方发达国家各高校来支撑他们较先进的创新创业能力培养的行为已经司空见惯。在国外的高校里，会优先鼓励进步学生开展创新创业教育活动，更好地学习创新创业教育课程，各种类型的创新创业教育计划竞赛会得到资金的资助，所有拥有创新创业梦想的学生能在步入创新创业历程前申请到启动资金，这类启动资金是低利息率甚至是零利息率的。美国的创新创业能力培养是关于"学生自由发展"的承诺，并非"就业式"教育。英国的创新创业能力培养活动是为了培养学生的创新创业技能与精神，并将创新创业作为未来职业的一种选择过程。澳大利亚的创新创业能力培养历经了40年历程，技术与继续教育学院 TAFE 始终对有志于创立小企业的学生进行支持，并积极进行小企业创新创业能力培养活动。

（4）成立专门的创新创业机构。加州大学伯克利分校之所以能在创新创业能力培养方面取得成功，是因为它成立了单独的创新创业能力培养机构，且与各学院联系紧密，为创新创业能力培养提供了丰富的资源，创设了有利的环境。可见，专业的机构是教育成功的重要保障。创新创业能力培养与传统教育有所不同，它涉及的主体众多、学科范围广泛，在开展时需要涉及多个学院，其工作内容具有相对复杂的特点。因此高校需要设立单独的创新创业能力培养机构，对教育资源进行整合，对教育主体进行协调。

（5）建立完善的课程体系。课程是学生获取知识和技能的主要途径，也是创新创业能力培养的主要渠道。加州大学伯克利分校和斯坦福大学通过设置以创新创业课程为主，以创新创业活动为辅，以项目为导向的跨学科课程体系，在人才培养方面取得了显著成果。由此可见，高校在课程体系方面需要加大投入和努力，提升创新创业能力培养课程的种类和水平，使其与专业课程相衔接，引入项目教学，建设更完善的课程体系，以培养更多的创新创业人才。

（6）建设具有创业经验的师资队伍。教师在创新创业能力培养中扮演着重要的角色。他们不仅是知识和技能的传授者，还是学生创新创业能力培养的引领者和榜样。教师应该具有丰富的实践经验和专业技能，能够为学生提供切实可行的指导和建议，还应该具有开放的心态和创新的思维方式，能够促进学生的创新创业思维和实践能力的发展。此外，教师还应该提升自身的教学水平，创新教学方法，提升课程质量。西方高校教师的授课模式并不是以老师的讲解为主的单纯授课方式，更不是照本宣科地将书本知识传授给学生。高校聘请在企业中有创新创业经历的专家和有丰富经验的成功者在授课的同时与学生们互相合作，不断挖掘、激发创新思维，他们以自身的创新创业经验，指引学生们如何去进行创新创业，他们的经历与经验可以激发学生在创新创业中的新思维、新能力、新技术，从而引领学生们的创新创业技能提升与实战经验积累。同时，学校在选聘时要吸纳更多具有创业经验的教师，通过政策激励教师提升创新创业水平，打造一批具有创新创业经验的师资队伍。

（7）进行开放的实践性创新创业教育。国外创新创业能力培养十分重视受教育者创新创业综合实践能力的提升，学校组织开展各类创新创业能力培养实践活动，积累学生创新创业能力培养的实战经历。美国等诸多发达国家的高校，非常重视受教育者在教学内容上对其创新创业能力培养教育的领会，在学校与企业家紧密协作的前提下，创造受教育者广泛的创新创业实践机会，并且部分创新创业能力培养的教学任务由一些企业家以兼职教师身份完成，在增加实践时间的同时，引入实践性课程，以实际自身确切的体会使受教育者对创业有一种感性认识与真实性的实践。以上都是实现受教育者创新创业素质与能力快速转变过程的有效措施。

（8）受教育者享受终身的创新创业教育过程。西方发达国家的创新创业能力培养涵盖了受教育者从初等教育、高等教育直至终身的全部学习过程。发达国家创新创业能力培养并没有仅仅停滞在高等教育阶段进行研究与实施，其创新创业能力培养是一种终身性的、持续性的广谱式教育。纵观西方发达国家创新创业能力培养的历程，使我们深刻领悟到，创新创业能力培养有助于一个民族的前行和国家经济的繁荣发展。创新时代对创新型人才在创新精神及实践能力等方面培养的诉求，是转变社会经济结构方式与高校教育模式改革的耦合作用与新要求。我国高校创新创业能力培养从一开始就呈现出专业教育与普及教育"双轨并进"的布局，虽然有关创新创业能力培养的相关研究已相继取得显著成效，但还缺少真正的对创新创业学科体系的研究。西方发达国家创新创业能力培养成功经验和成果，从社会、学校、政府政策等方面都为我国创新创业能力培养指明了方向，对我国的创新创业能力培养的建设和顺利实施具有极其重要的启示。

第八章　建筑类高校大学生创新创业能力培养路径构建

我国建筑类高校大学生创新创业能力培养路径构建必须要以适应社会发展、顺应时代需求为导向，树立全新的创新创业教育观，尤其在建筑类学科背景下，可借助外围学科的强力支撑，加强建筑类学科与不同学科间交叉融合，注重建筑类高校大学生创新创业能力培养与建筑类学科之间的渗透与互相促进。在人才实际培养过程中，应客观与科学地设置建筑类高校大学生创新创业能力培养的课程体系，强化建筑类高校大学生创新创业的实践能力，促进知识向能力的转化，深化建筑类高校大学生创新创业能力培养的机制改革，强化政策落实和制度保障。

当前建筑类高校大学生创新创业能力培养仍存在困境与问题，要提升大学生创新创业能力，就要以习近平新时代中国特色社会主义思想为指导，以学校培养为主体进行发力，同时也需要家庭、社会、政府、个人等全方位的培养。"创新"与"创业"是政府发展经济与社会事业的主要思维与方式。作为建筑类高校，应从中承担创新与创业能力培养与科技培训等相关实务的责任，并从中构建适用于建筑类高校大学生创新创业能力培养的发展路径，促进我国建筑类高校大学生创新创业能力培养的良性发展。

建筑类高校有别于其他高校，具有专业设置相对集中、学科独立性较强、建筑专业氛围浓厚等特性，这就决定了建筑类高校大学生创新创业能力培养的发展应该在依托建筑行业优势，服务建筑行业的基础上，不断地完善建筑类高校大学生创新创业能力培养的各个环节，最终引领建筑行业的发展。因此，建筑类高校开展大学生创新创业能力培养要着重培养大学生的创新意识、实践能力、工程能力，最大限度地整合各方面的大学生创新创业能力培养资源，积极地探索出一条可行性高、具有实践意义的方案。

第一节　建筑类高校大学生创新创业能力培养应以人的现代化理论为指导

培养建筑类高校大学生创新创业能力是实现人的现代化的客观要求和必然选择，既根源于市场竞争机制，也出于现代科技的巨大推动。培养建筑类高校大学生创新创业能力归根结底是为了实现人的现代化，让大学生能够在不断变化的市场环境中适应发展，超越发展。以人的现代化为导向为培养大学生的创新创业能力提供了明确的发展方向和科学的培养路径，正如蒂蒙斯指出，当今教育应注重培养创业者的素质与综合能力。

一、人的现代化理论蕴含正确的创新价值取向

现代化学者维纳在《现代化：增长的动力学》一书中指出，价值与态度是进行创造性活动的先决条件。当个体的价值观被内化为个体的行为标准时，就表现为个体的价值取向，它是主体在进行创新实践过程中形成的导向性价值观，表现为个体在社会生活中对于自身价值及其实现的普遍看法，既是衡量个体人生追求的重要尺度，又是个体精神支柱的动力依据。不同的创新价值取向会产生不同的创新手段、模式和道路。从创新史来看，创新实践经常出现价值异化，具体实践操作的错误并非产生这一现象的根本原因，创新价值取向上的偏离导致价值异化。人的现代化的理论核心是促进人的发展，将"真、善、美"的属性和谐地统一起来，为诠释创新的价值取向并实现价值危机的消解提供了崭新的视角。人的现代化的价值取向主要有以下几个方面。

（1）健全人的本质：呼唤人能力素质的提升。首先，人的现代化理论强调人身体素质的提高。只有提高了人的身体素质，其他素质才可能得到提高，拥有了强健的体魄才能有效地应对外界快节奏与高压力的生活和工作。其次，人的现代化强调人综合能力素质的全面提高。能力素质的全面发展是人的现代化的重要内容之一，该理论强调，全面发展自己的一切能力素质是人的重要职责和使命，要求人的整体素质必须达到现代化水平，将提升人的基本素质作为发展的根本目的，在尊重人主体精神的基础上，注重对人智慧潜能的开发，以形成人的健全个性为根本特征。崇尚个性，健全人格，全面发展人的综合素质，以适应现代社会的要求。在现代社会发展中，生产力越来越朝着智能化的方向发展，人的综合能力素质使人的自主性和主导性在生产力系统中的作用越来越明显。具备较强能力素质的人才能不断地学习运用新的知识和方法，在扬弃的基础上继承前人留下的宝贵财富，使这些财富更好地为人类服务，适应和挑战科技信息和数字化时代为人类带来了历史性的突变和新的发展机遇。正如贝切伊所说，改善人的能力和素质是满足人类发展需求的唯一途径。在知识经济宏观大背景下，最关键的并非人才的数量比较，而是人的综合能力素质的竞争。

（2）协调人的社会关系：建立文明的共处模式。社会关系包括人与人、人与社会、人与自然之间的关系，是个体活动交互作用的产物。人的现代化理论呼吁丰富与发展人的社会关系，包括交流关系、合作关系、信息关系等，消除人对现代社会的冲突与对立性，防止科学技术的异化，引领科学技术沿着合规律性与合目的性的双重维度来发展，揭示人类的价值追求与人文关怀，推动人适应现代社会的发展。

"认可自己、他人和自然"应当成为建筑类高校大学生从事创新创业活动的

正确价值取向。自我认可有助于建筑类高校大学生在创造的过程中提高自身的应对能力，用动态、发展的观点理解创新行为，将创新创业看作是个体不断丰富与完善的过程，而非为了逃避就业困难才被迫做出的选择。每个人只有不断地对自己进行认可，不断增强自信心才能应付激烈的竞争带来的挑战，自己的独立人格和自主权利才能得到维护，创新创业活动才有可能取得成功。否则就会在竞争中处于被动或缺乏动力，因不能适应复杂多变的社会而漂泊不定。对自然和他人的认可实质是建立和谐的社会关系，这是进行创造活动的前提。对自然认识、改造、利用不够、不及或过限都是与自然不协调的表现。"不够""不及"是人对自然规律的认识不够深刻、创造性不足，人无法积极能动地存在，只能消极被动地等待，甚至渐渐演变为自然的奴隶，这不是人类应表现出来的状态。相反，人对自然界过度地利用和改造也是人对自然规律的违背，是与自然整体性的冲突，人一旦遭到自然界的惩罚，其生存与发展必将会受到阻抗和威胁。以人的现代化为导向培养建筑类高校大学生创新创业能力能够在提高建筑类高校大学生科学技术水平的同时增强其合理认识、改造和利用自然的价值目标，构建人与自然和平共处的发展模式。

二、人的现代化的核心是对人潜能的开发

实现人的现代化要充分调动个体的积极性，开发个人的创新潜能，从而促进人的全面发展和进步。主体性是人的潜能不同于其他资本形态的根本特性，表现为它与人自身的不可分性，是体现、凝结和贮存在特定人身上并由人形成、支配和使用才能发挥职能的一种特定资本。其他行为主体或外在制度一旦违背主体的意愿侵犯其权利，那么人力资本就会不受支配，甚至形成自然损耗。人力资本的使用最终要经由承载的个人来实现，人的潜能最终的开发使用关键是要建立起符合人力资本产权特性的制度体系，充分调动人的积极性，做到人尽其才。人的潜能的实质是主体精神的创造力，最根本的体现是主体的能动性。人作为各种财富的生产者，所拥有的人力资本并非仅仅是作为物质实体存在的自然人力，更多的是以自然人为基础的智力人力，即精神创造力。

精深的专业造诣、较强的创新能力和实践能力、强烈的社会责任感、良好的非智力因素及具有批判和变革的勇气是人的现代化的重要特征，也是建筑类高校大学生创新创业人才必须具备的基本素质。他们追求个性发展，有强烈的主体意识，越来越要求创新和创造。建筑类高校大学生创新创业能力培养不同于一般知识技能的传授，要加强对建筑类高校大学生综合素质和创新潜能的开发，能为他们实现自身的发展提供有利的条件，能帮助他们利用自身的优势去突破和创新。因此，应当在建筑类高校大学生创新创业过程中把培养大学生的创新潜能和精神创造力作为主要目标。

三、创新创业的目的是实现人的现代化

当今世界是充满竞争、挑战和创新的世界,开展建筑类高校大学生创新创业能力培养活动的目的是充分发挥建筑类高校大学生的主体能动性,让大学生根据外界环境与自身条件独立把握人生机遇、自主设计人生目标的重要途径。具备了强烈的自主精神,建筑类高校大学生才能充分认识到自我存在的价值,在创新创业实践中不断地吸收现代文化精神。创新创业教育具有"主动性"的本质,以充分发挥人的创造性本能为目的,将创业作为一种生活方式和人生态度转化为大学生的主体行为,将大学生培养成为具有开创性的个人。正如美国教育家杜威指出:"最广义的教育就是怎样能有效地改变人性"。学校教育的根本目标是培养和谐的人,具备精湛的专业知识和现代人格,才能成为对社会有用的人。仅从就业或经济角度来审视创新创业教育是不全面的,必须从人的现代化角度出发,注重建筑类高校大学生创业人格、创新创业意识和创新创业能力等综合素质的培养,从人的发展的角度来审视创新创业教育的重要性,使一大批建筑类高校大学生能够具备现代人格素养,不拘泥于现状,勇于开拓,乐于尝试,进而在全社会范围内引领一种独立自主、勇于冒险、开拓创新的现代文化精神,最终达到实现人的现代化的目标。

第二节 更新建筑类高校大学生创新创业能力培养理念

理念是行动的先导,建筑类高校大学生创新创业能力培养教育体系的基础在于秉持先进的教育理念。建筑类高校在传统人才培养过程中呈现出注重建筑类学科知识传承而忽略创新,强化理论知识和建筑技术传授而忽略建筑与其他学科交叉融合的特点,培养的人才呈现出典型的就业型,毕业生普遍缺乏创新意识和创业能力,难以在充满机遇和挑战的社会环境中更好地开拓自己的事业。创新创业能力培养是高等教育的深刻变革,当前,世界格局深刻调整,教育模式深刻重塑,创新范式深刻变革,强国建设对教育、科技、人才的迫切需要,是高等教育自身应对科技革命、产业革命以及经济社会发展所做出的回应。建筑类高校创新创业能力培养要重塑人才培养理念,致力于培养具有国际视野、创新精神、创业能力和社会责任的行业领导者。

一、科学精神与人文精神并重

科学精神与人文精神是人类在长期实践中创造出来的两种宝贵精神,是人类文明的重要标志。教育的目的不仅在于传播知识,更在于培养人才。建筑类高校创新创业能力培养要坚持人文教育、专业教育与科学教育相结合,培养既具有人

文关怀和社会责任感,又具有专业能力和科学精神的人,使大学生成为德才兼备的接班人。科学精神的核心内涵是独立思考、开拓创新、求真务实、勇于实践,这些精神内涵恰好体现出创新创业教育的基本素质要求。人文精神的核心在于以人为本、家国情怀和社会责任,体现在对人与人、人与社会、人与自然之间的终极关怀。以人为本就是要尊重人的尊严和权利,保证每个人的个性得到充分发展;家国情怀就是要赓续我们的传统文化,筑牢我们的人文信仰,承载民族和国家的使命感;社会责任就是培植大学生的大德大爱精神,铸就强烈的社会责任感,其中体现出来的世界观、人生观和价值观,恰恰适配了建筑类高校大学生创新创业能力培养中的道德水平、价值准则和社会责任感。

二、全面发展与核心素养并举

习近平总书记在全国教育大会上强调,坚持中国特色社会主义发展道路,培养德智体美劳全面发展的社会主义建设者和接班人。建筑类高校大学生创新创业能力培养开展的前提必须坚持"五育"并举,培养全面发展的时代新人。我们要妥善处理好德育为先,智育为重,建筑为基,美育为要,劳育为本的逻辑关系。既要实现大学生身体与心理的协调健康发展,实现身心一统,因为大学生身心健康发展是建筑类高校创新创业能力培养的重要前提,又要协调好德育与智育的承接关系,因为德育是建筑类高校大学生创新创业能力培养的重要前提,智育是建筑类高校大学生创新创业能力培养的核心内容。此外,我们还要深度挖掘美育与劳育对建筑类高校大学生创新创业能力培养的关键支撑作用。然而,建筑类高校大学生创新创业能力培养是一个复杂的育人系统,其实质是促进大学生综合素质、能力全面发展,是各项素质与能力的融合与升华。我们在兼顾大学生素质与能力全面发展的同时,更要结合社会需求和行业导向,重点聚焦建筑类高校大学生创新创业能力培养的核心素养,有针对性地引导大学生形成创新创业特质,塑造大学生创新创业品格,传授大学生创新创业知识,培养大学生创新创业能力,使大学生能够获得适应现代生活及面对未来挑战所应具备的知识、能力与品格。

三、双创教育与价值引领共育

2010年教育部在相关文件中明确指出,将高校大学生创新创业能力培养定位为"适应经济社会和国家发展战略需要而产生的一种教学理念和模式"。由此可见,全面深入地推进建筑类高校大学生创新创业能力培养是国家在新形势下对高等教育提出的迫切要求,是推进建筑类高校从外延式发展向内涵式转化的重要举措。因此,在建筑类高校大学生创新创业能力培养过程中要深刻地把握其内涵与要求,及时更新教育理念,注重大学生创新意识、创新精神以及创新创业能力的培养,努力提升大学生的生存能力、竞争能力,以便更好地服务于国家创新驱动、转型发展的战略需要。然而，作为一种新型的人才培养模式，建筑类高校大学生创新创业能力培养必须要回归教育本位。我国高等教育人才培养的核心目标是"立德树人"，因此建筑类高校在开展大学生创新创业能力培养过程中要高度重视理想信念教育，锤炼意志品质，提升道德境界，厚植爱国情怀；注重培养大学生创新精神、合作精神，培养具有民族精神、担当国家重任和时代使命的青年。

四、国际视野与中国特色兼具

在经济全球化背景下，处在"百年未有之大变局"的时代，我国已无法孤立发展，积极拥抱和融入世界是必然趋势。在国际商业链条上，很多新型产业、新兴行业凸显出跨国性交叉融合的趋势。要想把建筑类高校大学生创新创业能力培养从国内市场推向广阔的国际领域，首先，打造创新创业人才开阔的国际化视野。要塑造立足国内、放眼世界、关注全球的战略思维，还要提升把握大势、驾驭大局，驰骋全球市场的卓越能力。其次，及时掌握本领域先进的前沿技术和企业管理经验。最后，通晓国际行业标准、商业规则和地域风俗人情，充分了解不同国家之间的文化差异，形成跨文化交流、合作和竞争的综合能力。

然而从横向比较来看，建筑类高校大学生创新创业能力培养有其自身特色。第一，建筑类高校大学生创新创业能力培养是在知识生产、迭代以及更新速度加快，国家实施创新驱动发展战略，经济发展迫切需要提质增效背景下提出的，其提出的时代背景具有特殊性。第二，2010年教育部把创业教育称为"创新创业教育"，这一独特提法说明我们对建筑类高校大学生创新创业能力培养的双生性（创新与创业）已形成共识，这与国外创新、创业教育内涵相比具有显著差异和独特内涵，建筑类高校大学生创新创业能力培养强调创新和创业是紧密相连、无法割裂的，创新是创业的手段和基础，而创业是创新的载体，然而，国外创新与创业更多是分开来谈，两者不具有相辅相成性。第三，建筑类高校大学生创新创业能力培养具有鲜明的民族特性。建筑类高校大学生创新创业能力培养既要积极借鉴国外先进的教育经验，更要立足于中华优秀传统文化，借助我国人口红利优势，进一步去丰富和发展我国独特的建筑类高校大学生创新创业能力的培养体系。

第三节　构建特色鲜明的建筑类高校大学生创新创业能力培养课程体系

课程建设是高校教育过程的一个重要方式。建筑类高校的创新创业能力培养课程的开展应该紧紧地与建筑行业的发展保持一致，立足于建筑行业，结合建筑专业特征，构建具有建筑特色的创新创业能力培养课程体系，为建筑行业的发展培养大批高素质的专业建筑人才，因此，建筑类高校要建立一个特色鲜明的创新创业能力培养课程体系。

一、形成具有建筑特色的"专创互补"课程模式

建筑类高校要加强创新创业能力培养课程与专业教育课程的联系，将创新创业能力培养理念渗透到建筑专业课程中，形成具有建筑特色的"专创互补"课程模式。

其一，加强创新创业能力培养理念的渗透，采取差别式的渗透方式，对于建筑类高校的文科生应该倾向于创新创业思维的渗透，而对于理工科学生倾向于创业知识和工程技能的渗透，将特色化的建筑专业优势转化为创新创业能力培养的优势，实现各学科之间的优势互补。

其二，把创新创业能力培养理念潜移默化地融入建筑专业的教学活动中，在日常的建筑专业教学中促进学生创新思维的养成，通过能力培养理念的渗透、融合、加强的方式，提高建筑类高校学生的创新精神和创业意识。

其三，建筑类高校应该要求所有的专业课程都能够体现出创新创业能力培养理念，相关教师都能够教授与创新创业相关的内容，在不同的专业学科授课过程中都能注重培养学生的创新精神，拓宽学生的视野，激发学生的想象力。例如，建筑专业的教师能够分享世界名胜古迹的艺术思维来源以及独一无二的建筑创新理念，英语教师可以分享国外企业家的创业经历，历史教师可以讲授杰出企业家的事迹，鼓励学生阅读优秀企业家书籍等。

其四，创新创业能力培养要充分发挥建筑专业的学科优势，紧扣建筑行业和建筑专业的背景，把专业优势与创新创业实践课程结合起来，例如建筑类高校可以定期举办建筑设计竞赛，开设建筑艺术展览馆，激发学生的创新思维和创新精神。

二、建立具有建筑特色的多层次课程框架

建筑类高校在开展创新创业能力培养时，要科学地划分教育对象，分层次、分阶段地对学生进行培养和锻炼，提高教育对象的区分度，构建具有建筑特色的多层次课程框架。

在基础阶段，开设通识课程，面向的对象是全体大一学生，发挥创新创业大众化的教育特点，突出培养学生的工程能力，让学生了解建筑工程领域的新趋势，培养学生的人文修养和发散性思维，让学生树立自信、自立、自强的企业家精神，通过通识课程的培养，使全体学生具备创新创业的基础知识。

在提高阶段，开设创业管理课程和创业实务，面向的对象是要根据受教育者的学科专业进行划分，发挥创新创业分类化的教育特点，针对那些与创新创业能力培养联系密切的建筑专业进行重点培养，主要是对创新创业知识和创业实务能力进行巩固和提高，丰富学生的创业知识，使学生掌握规划企业、创建企业、运

营企业的基本知识，提高学生的创业实务能力。

在发展阶段，开展创新创业实践活动，面向的对象主要是有更多创业意向的学生，发挥创新创业精英化的教育特点，这一类学生作为创业的潜力股，要有针对性地开展创新创业能力培养教育，对教育对象进行一对一的有效指导，为他们提供专门的创新创业服务，通过创业设计、创业竞赛等实践活动，培养学生的创新精神，激发学生的创业潜能，提升学生的创业实践能力，为学生以后的职业生涯和创业实践打下良好的基础。

三、加强创新创业能力培养的实践体系建设

建筑类高校大学生创新创业能力培养实践体系是指将创新创业能力培养教育建立一个由浅入深、由简单到复杂的教学与活动体系，通过这个体系，把专业教学活动、社会实践活动、实习实训活动、科学研究活动、创业实践活动结合起来，形成循序渐进的创业全过程实训。建筑类高校大学生创新创业能力培养实践体系的实现主要是通过整合学校、企业和社会的各种资源，建立开放式、多元化的创业实践平台与基地来实现。

建筑类高校大学生创新创业能力培养实践体系是在创新创业能力培养的实践观指导下的体系建设。大学生创新创业能力培养教育有别于专业课教育和基础课教育，要求在传授理论知识的基础上，让学生掌握认识自我、认识事物、认识社会的方法和手段，培养学生创新创业能力、发展事业的能力，因此在授课或活动的过程中要坚持理论与实践相结合、突出实践的原则。根据创新创业实践教学的特点，笔者把创新创业实践体系分为认知性创新创业实践、思考性创新创业实践、模拟性创新创业实践三个部分。

（1）认知性创新创业实践。一是组织学生参加社会实践和社会调查活动，深入认识社会，了解企业现状与发展，提高认知能力。二是指导学生充分利用课间实习与毕业实习，接触专业实践活动，提高专业创新创业能力。三是指导学生在实习实训基地中体验企业管理和企业文化，提高管理创新创业能力；四是发挥优秀毕业生的创新创业典型的示范作用和成功案例的激励作用，或请进来采用讲座、座谈的形式，教育和引导学生，丰富学生创新创业知识与体验，或采用访谈的形式接触典型、感受典型、学习典型，提高学生创新创业的激情与能力。

（2）思考性创新创业实践。建筑类高校通过举办创新创业计划相关的比赛，引导学生参与各种科研训练活动，进行创业教育的熏陶。尤其是综合性、设计性科研训练活动，如各高校开展的大学生研究训练（SRT）计划项目，使学生在训练、比赛中激发创业意识，体验创业经历，增进沟通交流，培养团队精神。定期开展创新创业技能专题讲座、学术周、科技月等科技创新活动，以设立研究、创新基金等方式为学生的科技创新项目提供资金支持、创新实验平台。

（3）模拟性创新创业实践。创立校内外创业孵化与创业实践基地，指导学生

参加有关提高专业和创业能力的训练活动。依托校内大学生创新创业实践基地与大学科技园，让学生通过实践从理论中走出来，汇集智力、知识、技术、资金，使其成为学生科技合作交流与创新创业服务的平台；依托校外创业孵化基地和各类型创业中心，与各企业合作，共建模拟创新创业平台（如工厂、企业）等实战场所，与此同时，充分发挥各高校校友会的有效资源，达到"节能高产"。让学生感受企业的发展历程，实际参与企业的具体管理和运作环节，使教学与社会生产紧密结合起来。在建筑类高校大学生创新创业能力培养实践体系中，要做好统筹规划，做好创新创业园区的建设，重新评估现有创业园工作开展情况并加强建设，规划建设一批新的创业园区。在创新创业园区的建设方面，省（市）教育主管部门应积极协调省（市）财政部门，把创新创业园区的建设纳入专项资金项目进行专项建设。创新创业园区应包括创新创业能力培养教育、项目管理、资金管理、孵化器、创新创业培训等功能。

受到传统教育观念的影响，当前建筑类高校创新创业能力培养教育大多还是以课堂和讲座等理论课程为主，创新创业实践课程较少，成果转化率偏低。建筑类高校要根据建筑专业的特点，通过实践课程让学生增加实践经验，将理论课程与实践课程有机融合起来，把所学的理论知识转化为实践技能，提高具有建筑特色的实践课程比例，拓宽学生的实践深度和广度。

一是在课程设置上，增加创新创业能力培养社会实践课程，学校要积极与建筑类的企业进行交流和对接，发挥建筑专业的学科优势，组织学生深入建筑企业中学习企业的经营理念、运营模式、风险控制、市场分析、工程项目等，让学生将理论知识与实践活动结合起来，将知识应用到社会实践中去，从而提高学生的社会实践能力；建筑类高校创新创业能力培养理论课程要与建筑专业知识相结合，根据自身的办学特色，从单一的理论知识向多学科相结合的方向发展，例如与城市规划、土木工程、艺术设计、心理学等学科相融合，各学科形成合力，以理论促实践。

二是在课程数量上，建筑类高校要多增加一些与建筑行业相关的实践课程，把创新创业能力培养实践课程确定为专业必修课，计入学分考核等，提高学生对创新创业实践能力的重视程度。

第四节 改革建筑类高校大学生创新创业能力培养教学方法并强化科研支撑

建筑类高校与其他高校一样，大都采用统一的教学模式、统一的刚性教学计划等，而忽视了大学生的个性特征。创新创业能力培养主要采用单一的灌输法，偏向对理论原理知识的讲授和考核。若要得到大学生创新创业能力培养有效的结果，就必须改革课堂上单一的教学方法，营造出一种自由互动的教学气氛。建筑类高校应不断地优化和改革大学生创新创业能力培养教学方法，采用启发式教学方式，增加学生的独立思考空间，激发学生的创新思维；运用体验式教学方法，增加学生的体验感，培养学生的动手实践能力；广泛利用现代智能技术创新多样化教学手段，增加学生的学习乐趣，提高学生的学习积极性；强化科研支撑，改革人才培养模式，为大学生提供创新创业科研项目，强化创新创业能力训练，从而增强建筑类高校学生的创新能力、创业能力，培养适应创新型国家建设需要的高水平创新人才。

一、采用启发式教学方法

教育学家曾明说过：最有效的学习方法就是让学生在体验和创造的过程中学习，比填鸭式教学方法所取得的效果更明显，不施加压力，让学生在体验氛围中愉快地学习，这样学生可以慢慢养成主动学习的习惯。

启发式教学法是教师运用各种教学手段，采用启发诱导的办法，使学生积极主动地学习，帮助学生获取知识。即在教学过程中，从学生实际情况出发，教师提供问题的创设，以启发学生的思维为核心，从而调动学生的积极性，启发学生独立思考、发现问题，最终解决现实问题，培养学生的分析决策能力、经营管理能力等实践能力。建筑类高校传统的创新创业教育教学方式较刻板，主要就是以课堂上进行知识的讲授为主，没有注重对大学生的启发性教育，无法发挥大学生的主观能动性。

采用启发式教学方法主要是为了培养建筑类高校大学生的创新思维，提高大学生的独立思考能力，避免大学生出现厌学情绪，让大学生在学习的过程中能够不断发现新问题，积极分析问题，有效地解决问题。建筑类高校在创新创业能力培养过程中应该鼓励老师多采用启发式的教学方式，教师处于主导地位，在课堂上要多与大学生进行互动和交流，例如采用小组讨论法，组织创新创业竞赛和商务谈判大赛，引用房地产企业家等创新创业实践典型案例作为教学内容，利用生动形象的形式给人以身临其境的感觉，便于学生学习和理解，并且一改从前的教师在课堂上"唱独角戏"的情形。教师要学会运用案例组织教学，要掌握课程的进度和引导谈论的方向，并与学生共同探讨问题，广开言路，使学生在了解和熟悉他人创业经验中增长知识才干，将鲜活的事例展现在学生面前。运用案例来剖析市场经济规律，进而实现思路的开拓、激发学生的创新创业兴趣意向，鼓励建筑类高校大学生进行房地产项目商业计划书策划，激发大学生的创新思维。教师应该培养大学生的独立思考能力，鼓励大学生勇敢地提出问题，积极发言，通过启发式的教学方法，促进大学生创新精神的养成，创新意识的提高。

二、运用体验式教学方法

建筑类高校创新创业教育主要还是沿用传统教学方法，以传授理论知识为主，重理论轻体验，教学方法不灵活。

体验式教学方法的目的在于培养学生独立自主、创新等品质，从而营造一种自由的教学氛围，激发学生内心的情感，并以学生自我体验为主要的教学方法，也就是让教师在教学过程中利用各种有利条件，创建生动的教学场景，引导学生在情境中感受和把握教学中的难点和重点。传统的教学方法注重的是教学结果，而情境式教学方法注重的是教学过程，能够让学生在情境中体验，通过学生自己的观察、发现、反思、总结、分享，加深对教学情境中知识的感知和感悟。在师生互动的教学过程中，激发学生学习的积极性，让创新创业教育的学习成为学生主动进行的事情，将学生认知过程和情感体验过程有机结合，让学生在体验式教学中学习创新创业相关知识。体验式教学方法的核心在于激发学生的情感和兴趣，是以学生为主、教师为引导的教学方法。教师设计一种体验的模式，引导学生从复杂的环境以及不确定的风险之中走出来。激发学生的创新创业兴趣和创新性思维，从而培养他们的创造性思维。对于建筑类高校创新创业教育的教师来说，要在教学过程中通过情境再现的方法，让学生由被动地学习变成主动地参与，让学生体验到学习的快乐，例如，建筑类高校的老师可以组织学生在课堂上模拟工程招投标的情境，让学生系统地模拟建筑行业的招投标过程、项目施工单位的投标策略等流程和方法，通过情境模拟演练，培养学生的动手实践能力，为日后的实践活动打下基础。

三、广泛利用现代智能技术创新多样化教学手段

大多数的建筑类高校教师开展创新创业教育时的教学手段都比较单一，他们往往更倾向于使用传统板书和幻灯片的方式，通过进行讲述、展示的方式来进行教学活动，这大大地降低了学生的学习兴趣，课堂氛围也比较沉闷。

随着网络化、数字化以及智能化等信息技术的快速发展，建筑类高校创新创业能力培养的教师应该创新多样化的教学手段，转变大学生的学习方式，充分借助和利用大数据、云计算、人工智能、多媒体等技术，创建适合于建筑类高校创新创业能力培养发展的线上线下、课内课外、校内校外的教学手段，例如，可以运用网络远程教育手段，邀请建筑行业的企业家开展创新创业能力培养活动，通过网络把创新创业的信息传递给学生，它主要的优点是不受时间和地点的限制，还能够节省一定的成本，还可以引进慕课和微课等，通过这样的方式以强化教学成果和传播效率，增加学生的学习乐趣，提高学生的学习积极性。

四、强化科研支撑

在"十二五"期间，教育部开展了国家级大学生创新创业训练计划项目，该项目包括了创新训练项目、创业训练项目和创业实践项目三大类。该项目计划达到的目标是：促进高等学校转变教育思想观念，改革人才培养模式，强化创新创

业能力训练，从而增强高校大学生的创新能力、创业能力，培养适应创新型国家建设需要的高水平创新人才。此计划项目将建设教师科研成果与学生创业项目对接网络平台，为大学生创业团队组建、知识产权交易等提供支持。虽然我国创新创业初期相关科研借鉴国外的经验较多，但也需要加强自身在实践中总结摸索的经验，为建筑类高校大学生创新创业能力培养提供理论基础。

创新创业训练项目应面向全体学生，进行创新创业实践从入学到就业的全程引导，建立自主探索类、目标导向类、校企合作类等分类指导体系，形成以关键技术划分的协同创新群，实现跨项目、跨年级、跨学科的交叉融合。实验室科研基地要面向本科生开放，建设实践中心、校外人才培养基地以及与企业建立联合实验室，形成多层次的创新创业科研实践支撑体系。

建筑类高校牵头搭建投融资平台，提供定期路演机会。依托挑战杯、中国"互联网＋"、中国"人工智能＋"、大学生创新创业大赛等竞赛活动，"以赛代练"，提升建筑类高校大学生的创新创业心理素质、知识素质和创新创业相关的能力素质。建筑类高校每年在全校范围内，针对参加创新创业活动的学生组成试点班，进行理论教学、项目实践、导师帮扶的系统培养。建筑类高校每年组织校内特训营以及与企业联办的游学营，为学生提供了解创办企业、学习创业知识以及熟悉创业过程的良好机会，为有创业潜质的大学生开展创业实践奠定坚实的基础。

第五节 完善建筑类高校大学生创新创业能力培养师资队伍建设

梅贻琦先生曾讲道"大学非大楼之谓也，乃大师之谓也"，可见教师的水平对学校教育的水平起到了决定性作用。因此，建筑类高校创新创业能力培养取得成功的关键因素就在于建筑类高校应该建设一支专业的、高素质的创新创业教师队伍。只有在教师队伍整体水平较高的基础上，教师对学生进行教育的主观能动性才会得到充分的发挥，才能保证较高的教学质量，只有当教师优先具备创新创业教育能力后，才能在日常的教学和实践活动中影响和激励大学生的进步和发展。面对建筑类高校创新创业能力培养专业教师匮乏、教师激励机制缺乏的现状，建筑类高校要以学科优势为突破口，着力提升教师队伍的专业化水平，大力完善教师的激励机制，建设一支理论素质高、实践经验多、学科专业强的创新创业教师队伍。

一、形成"以专为主，专兼结合"的教师队伍

建筑类高校应大力培育一批专业素质高的创新创业教师队伍，同时也可以让那些对创新创业能力培养感兴趣的教师担任兼职教师，使专业教师与兼职教师形

成互补，形成"以专为主，专兼结合"的师资队伍，既可以提高创新创业能力培养的专业化水平，又可以为学校节省一部分的教育开支。

建筑类高校要积极进行创新创业能力培养教师的专业能力水平建设，第一，建立教师创新创业培训的长效机制，邀请优秀的创业培训团队到校内为教师进行专业系统化的知识技能培训，并且要健全培训制度，增加培训次数，不要只依赖于一两次的培训就想实现教师整体能力的提升，要定期开展培训；第二，开展国际交流与合作，拓宽教师的培训平台，为教师提供公派出国深造和交流机会，学习国外发达国家创新创业能力培养先进的教育理念，提高教师自身的创新创业能力和专业化水平。

二、重视选聘与培训，提升教师的创新创业能力

第一，选聘具有企业经验的专业课教师。在进行专业课教师选聘时，不仅要考察专业课教师的学术水平和专业能力，还要考察其创新创业经历。目前，高校聘请的专业课教师专业水平高，但他们的职业经历大多是在学校中，缺乏在企业工作的经验。对于工科教师来说，懂得研发流程和市场需求分析是一项重要的能力。如果能聘请到具有企业工作和管理经验的工科老师，将对学生的专业知识理解和职业发展产生积极影响。这类老师具备强大的市场分析能力，能够快速把握研发重点，并将这些经验传授给学生，让他们更好地了解专业发展前沿。此外，具有企业工作经历的老师能够将个人经历和见闻作为教学案例，更加深刻地启发学生的思维，从而使他们更好地理解专业知识。

第二，提高教师的创新创业积极性。首先，邀请创业相关的专家和成功人士定期举办讲座及学术论坛，组织学术研讨会，让教师不断更新知识和经验。其次，鼓励有创新创业意识的教师积极创新创业，并将创新创业思维带入专业课堂。

可以借鉴斯坦福大学的做法，鼓励教师和研究人员每周利用一天时间到企业兼职，落实"学术休假"制度，允许教师在1~2年的时间内完全不从事校内工作，加入企业或者自创公司，以丰富自身的经验和知识。此外，学校应该完善专利许可利益分配制度，鼓励院系以及教师积极将专利转化为产品。在专利许可毛收入中，应该提取一定比例的费用用于专利申请和办公费，剩余的收入将由发明人及其所属院系自行分配，激励教师积极投入创新创业和研究工作中。

第三，鼓励创新创业专职教师进行创新创业实践。学校应鼓励专职教师利用自身创新创业知识与技能，自主研发科技创业项目或组织学生和其他教师组成团队进行实践，以不断丰富创新创业教育知识和实践技能。同时，实行岗位流动，避免教师出现岗位固定情况，以免滋生教师的惰性。

三、坚持"走出去"与"引进来"并重

建筑类高校可以与优秀的建筑企业、房地产公司签订创新创业能力培养战略

合作协议，让教师"走出去"。高校选派一些对创新创业能力培养意愿浓厚且具有较高专业素质的教师到建筑企业、房地产公司进行考察交流学习，并在企业进行一段时间的挂职锻炼，通过挂职锻炼能够使教师快速地融入企业中，通过学习企业的运作模式、经营理念等不断地提高自身的实践能力，丰富自身的实践经验，增强自身的专业化水平，以便在日后的创新创业能力培养课堂上亦或是带领大学生参加创新创业大赛时不至于纸上谈兵，遇到难点能够随时给出专业见解和实践指导，对大学生创新创业水平的提高起到一定的促进作用。

建筑类高校要加强校企合作，增加校友联络，把教师"引进来"。大力引进优秀的兼职教师，建设一支具有较强实践经验的动态化的兼职师资队伍，其一，可以充分利用合作的建筑企业、房地产公司，积极聘请建筑行业前沿的创新创业领域专家和企业经理人到校内开展讲座，交流和提供创新创业的实践经验，为全校师生分享更多的创新创业信息；其二，可以充分利用校友资源，联络选拔一批创业成功的校友回校分享创业经历，给大学生更多的创新创业指导，既能充分调动大学生的积极性，又能提升教师队伍的整体水平。

四、落实建筑类高校创新创业能力培养教师的激励机制

制定并落实鼓励教师创新创业能力培养的激励制度，激发广大师生从事创新创业的热情和动力，切实推进建筑类高校创新创业能力培养工作。推进建筑类高校创新创业能力培养激励机制的完善，成立创新创业奖励基金，奖励创新创业工作贡献突出的个人和团队，并增加用于表彰创新创业优秀教师评奖评优比例。奖励在创新创业课程建设、创新创业实践及研究等领域做出显著成绩的教师，制定符合教师劳动收入的薪酬制度，落实创新创业师资的工资福利等各项政策，切实保障创新创业师资的利益。一要设立创新创业能力培养的专项经费，为大学校创新创业能力培养的发展提供资金上的支持与保障，全方位多举措地提高经费的使用效率；二要布置创新创业能力培养教学任务，认定教师的工作量，并在教师年底考核、评奖评优中把创新创业能力培养纳入进来，在制度上激励专业师资参与到创新创业能力培养中；三要给予教师奖励和经费倾斜，建筑类高校要对那些在创新创业能力培养理论研究、教材研发、项目转化成功中取得突出成绩的优秀教师给予奖励和表彰，并在后续的课题立项上给予教师适当的经费倾斜，有利于提高教师参与创新创业教育的积极性。

鼓励建筑类高校教师吸纳大学生参与科技创新项目，实行教师带领或指导大学生开展创业项目、参与课题研究可折算工作量的相关政策。同时，教师在科研项目申报与立项上可给予优先照顾。此外，进一步完善教师专业技术职务评聘和绩效考核标准，将创新创业能力培养业绩作为教师专业技术职务评聘、岗位聘用和绩效考核的重要依据，加强创新创业能力培养的考核评价。支持高校教师和科研人员带领大学生创新创业，鼓励教师参与创新创业能力培养的科研、教学与实

践工作。建立实行成果转化激励机制，支持高校教师转化其科研成果并将其产业化。

第六节　构建建筑类高校特色化创新创业能力培养的联动机制

在为建设部门服务的过程中，建筑类高校形成了特色鲜明的学科优势和背景优势，学校的专家学者在行业内具有高水平的科研和创新能力，在建筑领域内沉淀了良好声誉，得到了许多建筑企业、房地产公司和社会的广泛认可，相比于其他综合性高校，建筑类高校在行业内优势比较明显，为了满足创新创业能力培养人才的培养要求，建筑类高校创新创业能力培养应该依托建筑行业搭建平台，将学科优势转化为高校、个人、家庭、社会、政府协同育人优势，建筑类高校要作为领头人，整合校内外资源，加强高校、个人、家庭、社会、政府五方联动，构建建筑类高校特色化的创新创业能力培养的联动机制，为建筑类高校大学生提供更多的创新创业实践机会，在实践中不断激发学生的自主创新能力，促进实践成果的转化与落地。

一、发挥建筑类高校在创新创业能力培养中的主导作用

建筑类高校应该依托建筑行业的特色，充分利用好校内外的有效资源，积极组织学生参加各种实践活动，在条件允许的情况下，为学生提供相应的咨询和资金支持，通过各种方式，鼓励学生进行自主经营企业、科技发明、成果转让、技术支持等，搭建多元化的校内实践平台，让学生通过切身体会，感受创业的动态全过程，提高学生的创业实践水平。

在创新创业能力培养环节中，要通过构建多层次、一体化的实践体系来提升建筑类高校大学生的实践能力。"多层次"是指高校构建多层次的实践活动体系。开展"1+6"系列创新创业实践活动，"1"是主体赛事，如：挑战杯"互联网+"大赛等；"6"是指6项同期活动，包括"青年红色筑梦之旅"活动、建筑类高校大学生创新创业成果展览、大赛优秀项目对接巡展、对话未来科技活动、文化体验活动、参加创新创业国际会议。通过"1+6"系列活动丰富建筑类高校大学生的实践参与，从而帮助建筑类高校大学生理解吸收理论知识，内化为运用的能力，提升大学生的综合实践能力。"一体化"是指构建建筑类高校与企业的"实践育人共同体"。学校与社会资源对接开展实践活动，通过与政府、企业、其他学校的合作，构建一批创新创业实践基地和创业工业园，积极开展实习、兼职等体验活动，充实社会实践资源，让大学生真实体验项目运行和管理，为大学生实现学以致用、用以促学、学用相长提供广阔的舞台，锻炼大学生的社会性能力。

建立创新创业成功人士进校园制度。组建由经济管理类专家、建筑工程技术类专家、政府经济部门专家、成功企业家、孵化器的管理专家和风险投资家及律师等人员的团队，专门指导建筑类高校大学生创业实践，通过面对面地讲述自身的创业成功经历，和学生们一起分享他们在创业经历中如何做人、如何做事、如何圆梦，以激发大学生创业的激情，引导大学生转变就业观念，为大学生创业提供技能和经验方面的支持，用他们的成功历程和人生感悟让学生们在教育中感受到真实的案例，解读成功与失败，使大学生们积极投身于创新创业的实践中。

建立建筑类高校创业校友会。高校校友会是联络广大校友，沟通母校、校友和社会三者关系的重要桥梁和纽带。建筑类高校要不断完善校友会在就业创业上的职能，团结校友以支持母校的发展，挖掘和整合校友资源，鼓励校友回馈母校，积极发挥校友会在促就业、促创业工作中的重要作用，激发校友们在自己的工作岗位上建功立业。校友会在服务于建筑类高校大学生就业创业工作方面具有天然的优势。充分发挥校友会在就业创业方面的职能，有助于建筑类高校改善人才培养方案，开拓就业市场和提升就业创业指导与服务水平。同时，可以营造促就业、促创业的良好氛围与舆论环境。建筑类高校创业校友会是就业、创业信息资源的重要发布者。创业校友会在原有的开发校友资源和拓展招生就业市场职能的基础上，建立学校与校友所在单位、企业人才供需的长效合作机制，并且及时、有效地掌握就业创业资讯，更好地为学生们提供讯息通畅、准确、及时的就业创业服务。建筑类高校创业校友会是人才培养的重要参与者，作为社会人的校友们是最清楚怎样的人才才是企业发展壮大、单位高效运转最紧迫的需求。建筑类高校的人才培养方案的制定、教学方案的修订等工作都离不开校友们积极的参与，这有利于建筑类高校培养大批视野宽阔、基础扎实、创新创业能力较强的高素质人才。建筑类高校校友会是就业实习基地与岗位的关键开辟者，校友们渴望为母校做出自己的贡献，并怀着一种特殊的情感，有着"校荣我荣"的独特情怀。他们为提升了大学生们就业和竞争力，提高大学生们的实践实训能力，积极与母校建立就业创业实习基地，同时依托母校的专业支撑，实施自己公司品牌策略，提升自身的品牌效应，最终实现校友、大学生、母校等多赢多利的局面。

二、大学生自主培养创新创业能力

马克思认为人是生产力中最活跃、最积极的因素，具有主观能动性、创造性，说明大学生在创新创业过程中应主动、有意识地提升自身的创新性、社会性能力及责任担当意识，力争做到"三个更"。一是更创新。大学生应突破自身思维定势，运用科学的思维方法，抛弃以往错误的学习方法和思维惯性区，勇于探索新规律，总结新方法，真正将创新内化为自身能力的一部分。二是更中国。大学生应培养责任担当意识，明确认识到作为当代青年，要勇于挑战自我，实现自我，要保持与时俱进，用"中国梦"激扬青春梦，正确认识到时代赋予年轻人的责任，积极参与到这个伟大的"圆梦"过程中。三是更实践。大学生应积极参加实践，"把远大抱负落实到实际行动中"，在实践过程中，增强自我管理与约束，积极融入社会，主动去锻炼自身的社会性能力。

组建大学生创新创业社团。大学生社团是大学生以共同兴趣为基础形成的非正式群体，往往活跃于高校的方方面面，起先锋带头作用。通过创新创业社团带动大学生创业不失为一条很好的途径。建筑类高校要突破以专业为基础组成的班级为正式群体的单一群体形式，建立创业型学生社团，使不同专业、不同年级的学生可以充分交流，促进大学生创新创业知识的交流与开展活动，特别是高校团委要积极鼓励大学生社团举办形式多样的创新创业活动，提高大学生的创新创业精神和创新创业能力，利用大学生社团"自我管理和自我教育"的功能，将创新创业能力培养融入大学生社团活动当中，在活动中促进大学生创新创业意识和创新创业实践能力的提高。创新创业型大学生社团服务于大学生全面发展的需要，不断地提高大学生创新创业的体验度和参与度。致力于将创新创业社团打造成为一个整合校内外信息、技术、资本和市场等资源，为大学生提供创新创业资源的平台，帮助大学生孵化科技成果，引导大学生创新创业行动的重要实践载体。鼓励和扶持科技创新创业类学生组织和学生社团建设，打造学生科协、创新社团等，促进有创新创业兴趣的学生相互沟通，提前体验市场、模拟创新创业。加强创新创业社团骨干的培训，增加创新创业基金投入以及加强对创新创业俱乐部和创新创业导师的建设等政策扶持，鼓励建筑类高校教师进行有关创新创业的学术研究，建立校内专业教师和校外企业家联合指导的双导师制，激发大学生创新创业兴趣，促进大学生组织领导能力、社会交往能力的提高。

三、注重家庭的教育引导

如何扭转家长对创新创业能力培养错误的观念？一方面，建筑类高校需要不断加强对家长的宣传，让他们了解创新创业能力培养不只是孩子就业的一种方式，更是培育孩子追寻内在价值的敬业能力、知行合一的实践能力、勇于挑战的创新能力、精诚合作的团队合作能力的一种方法。建筑类高校可以借助每学期开学召开家长会的机会，向学生家长宣讲一些建筑类高校大学生创新创业能力培养的政策法规，也可以印发一些宣传手册，让家长更生动形象地了解大学生创新创业能力培养的内容和精神。另一方面，大学生也应该多与父母交流自己在学校的学习情况，让父母了解创新创业能力培养教育是自己必选课的一部分，是自己学业的一部分。从认识上改变家长早期认为"孩子在学校进行创新创业能力培养是耽误学业、不务正业"的错误想法。由于国内家长在大学生高等教育支出方面起举足轻重甚至是绝对的作用，大学生在校的创新创业能力培养实践离不开家庭的支持。家长在与孩子充分沟通后，能积极支持孩子在校参与创新创业，条件允许的情况下可以给予资金支持和后勤保障，帮助更多的创新思维在实践中披荆斩棘，产出创新成果。

"注重家庭、注重家教、注重家风"，是家庭教育应有之义。创新创业过程的很多方面都需要家庭的支持，大学生的成长也离不开家庭的教育，因而要注重家庭的教育与引导。家庭要切实转变观念，对孩子进行思想价值上的引领和教导，注重对孩子精神世界的塑造，帮助孩子实现人生理想与为国家和社会奉献的社会理想的统一；建立新型的、和谐的家庭关系。摒弃"大家长"式的一言堂，给予孩子自由表达和平等交流的空间，鼓励孩子找到自己的特点和兴趣点，充分发挥自身的能动性和优势，培养孩子的团队合作精神、交流沟通能力等。这种家庭关系，更有利于大学生树立创新创业理想，促进孩子的全面发展。

四、营造良好社会创新创业生态环境

"天高任鸟飞，海阔凭鱼跃"。在社会主义现代化建设中环境对人才的培养非常重要，必须"要创造一种环境，使拔尖人才能够脱颖而出"，亦即要创造人才各得其所、各尽其能的创新创业良好氛围和社会生态环境，从而将人的积极性最大限度地调动起来。

首先，营造良好的创新创业氛围。政府通过政策引导，带头培育良好的创新创业风气，创造一个开放、包容、促进人才良性发展的环境，培育大学生的责任担当、艰苦奋斗、无私奉献、自主创新的精神；报纸、杂志、网络等媒体要积极配合政府与高校的创新创业能力培养工作，为大学生创新创业积极提供发展建议，营造良好的社会舆论环境；加强企业对大学生创新创业重视，提高企业对人才价值、社会贡献的关注程度，为企业提供大学生创新创业的相关鼓励政策，通过企业的积极投入，为大学生开拓发展空间，激励大学生进行创新创业。

其次，打造符合大学生发展特点的"众创空间"群。众创空间是有效整合现有要素资源，专门为创新创业提供政策服务、资金支持、成果孵化、创业交流、资源共享的开放式大众创新空间。结合大学生群体年轻、思维活跃的优势和社会经历不足等劣势，在专属众创空间中为其提供更符合大学生发展特征的资金政策、成果孵化器等，有针对性地帮助大学生解决实际问题，并通过各个大学生众创空间以点带面，促进该地区大学生创新创业资源整合，从而优化大学生创新创业生态环境。

五、政府加大创业支持力度

建筑类高校应该积极与地方政府进行磋商，为大学生创业争取相关的优惠政策，政府应该加大对大学生的创业支持力度，为大学生创业提供各种便利条件。

一方面，在创业项目的推进上，政府应该加大对建筑类高校大学生创新创业的项目研发、资源对接等扶持力度。要根据大学生创业项目实施的阶段，从政策上分阶段、分步骤地帮助大学生做项目研发；要帮助资源匮乏的大学生，与社会资源相对接；要对引进建筑类专业大学生的企业提供优惠补贴政策，加大政策倾斜力度；要跟进政策的执行与落地效果，及时进行跟踪和反馈，保证政策能够有效实施。另一方面，在创业资金的支持上，政府应整合各种资源，拓宽创业资金来源，加大对建筑类高校大学生创新创业经费的投入。要积极与基金会合作，成立高校创新创业基金会，为有意向进行创业的大学生无偿提供一定的创业资金支持；要建立多条创业融资的渠道，针对建筑类高校应届生发放免息的小额创业贷款，精简贷款流程；要对那些刚刚成立的中小型建筑公司给予一定的创业补贴、税费减免等政策。

高校、个人、家庭、社会、政府在建筑类高校大学生创新创业能力培养上都发挥着重要作用，要深化五方联动，形成优势互补，促进建筑类高校大学生创新创业能力培养的发展。

参考文献

[1] 盛名. 马克思人本思想的现实意蕴［J］. 人民论坛（32），2018.

[2] 王歆玫. 中国大学生创新创业教育发展历程及阶段特征研究［J］. 高教探索，2018（08）.

[3] 曹扬，邹云龙. 西方创业教育理念的演进与启示［J］. 东北师大学报（哲学社会科学版），2016（04）.

[4] 张琤，常晓明，陈伟. 地方高校创新创业教育实施策略研究与实践［J］. 教育理论与实践，2018（36）.

[5] 徐宗玲. 大学生创新创业实践基地建设的路径［J］. 中国高校科技，2018（07）.

[6] 仇存进. 我国高校创新创业教育课程体系研究［J］. 江苏高教，2018（11）.

[7] 赵颖. 大学生创新创业能力培养的理念转变与策略调整［J］. 中国高校科技，2018（11）.

[8] 王辉，邱杨. 新时代高校创业教育工作的机遇与挑战［J］. 学校党建与思想教育，2019（02）.

[9] 牛金成，陆静. 发达国家的创业教育及启示：基于美、英、德、澳大利亚四国的比较［J］. 黑龙江高教研究，2013（01）.

[10] 王静. 大学生创新创业能力培育模式探析：评《大学生创新创业能力培育》［J］. 中国教育学刊，2017（12）.

[11] 桂媛. "双创"政策引导与文化驱动机制建设［J］. 中国高校科技，2017（12）.

[12] 李世佼. 大学生创新创业教育体系的构建［J］. 黑龙江高教研究，2011（09）.

[13] 韩立. 大学生创新创业能力现状及培养路径［J］. 中国高校科技，2017（01）.

[14] 杨维霞. 基于创新创业能力培育的"四位一体"实践教学模式"［J］. 实验室研究与探索，2018（03）.

[15] 李士晓. 大学生创新创业能力培养研究［J］. 学校党建与思想教育，2017（03）.

[16] 刘洋，尚菲菲. 中西方双创教育生态文化比较研究［J］. 沈阳工业大学学报，2018（01）.

[17] 张文强. 财经政法类大学生创业能力培育研究［J］. 河南社会科学，2012（04）.

[18] 张泽中. 构建"纵横有道"的大学生创新创业能力培育体系［J］. 中国高等教育，2016（12）.

[19] 罗志敏，夏仁清. 欧美发达国家创业教育发展新动向［J］. 高等工程教育研究，2012（02）.

[20] 张士威. 新常态下地方本科高校创业教育的困境、成因及消解路径［J］. 教育理论与实践，2015（33）.

[21] 张昆. 大学生创新创业能力培育探讨［J］. 思想理论教育导刊，2015（11）.

[22] 徐蓉.大学生创新创业该具备何种"软实力"[J].人民论坛,2018(11).
[23] 岑余璐.基于大学生创新创业能力的协同育人模式研究[J].吉首大学学报(社会科学版),2018(06).
[24] 徐旭英,邹晓东.斯坦福大学创业教育实施的特点与启示[J].高等工程教育研究,2018(02).
[25] 刘碧强.英国高校创业型人才培养模式及其启示[J].高校教育管理,2014(01).
[26] 张晓鹏.美国大学创新人才培养模式探析[J].中国大学教学,2006(03).
[27] 孙珂.21世纪英国大学的创业教育[J].比较教育研究,2010(10).
[28] 李志永.日本大学创业教育的发展与特点[J].比较教育研究,2009(03).
[29] 李文英,王景坤.澳大利亚高校创业教育模式探析[J].比较教育研究,2010(10).
[30] 刘卫东,雷轶.基于人才培养全过程的创新创业课程体系建设研究[J].国家教育行政学院学报,2017(08):8-14.
[31] 刘洋.论高校实施创业教育的方法和途径[J].重庆工商大学学报(社会科学版),2005(04).
[32] 刘振忠,周静.高等体育院校创新创业教育现状及其实践体系的构建[J].当代体育科技,2012(21).
[33] 孟春雷,王琪.我国高等体育院校创新创业人才培养模式研究[J].安徽体育科技,2019(03).
[34] 牛长松,菅峰.创业教育的兴起、内涵及其特征[J].高等农业教育,2007(01).
[35] 文丰安.地方高校大学生创新创业教育浅谈[J].教育理论与实践,2011(15).
[36] 韩光,程珺,张鹏,等.试论创新创业教育的校企合作[J].创新与创业教育,2014(01).
[37] 魏美春,方经奎.高校深化大学生创新创业教育可行性路径探究:基于赣南师范学院的探索与实践[J].创新与创业教育,2015(05).
[38] 谈晓辉,张建智,关小舟,等.大学生创新创业教育体系研究与探索[J].创新与创业教育,2015(05).
[39] 邹建良.探索大学生创新创业教育途径[J].中国高等教育,2015(05).
[40] 王洪才,郑雅倩.大学生创新创业能力测量及发展特征研究[J].华中师范大学学报(人文社会科学版),2022(03).
[41] 李慧.以中国精神涵育当代少数民族大学生创新创业能力[J].黑龙江民族丛刊,2022(01).
[42] 王洪才.创新创业能力培养:作为高质量高等教育的核心内涵[J].江苏高教,2021(11).
[43] 杨孝青,庄花,张明火,等.美国高校创业教育发展历程探究及对我国的启示[J].海峡科学,2013(02).
[44] 高志刚.论高校创新创业教育课程教学体系的构建[J].黑龙江高教研究,2016(03).
[45] 刘宁.创新创业教育与信管专业教育的深度融合模式研究[J].微型电脑应用,2019(01).
[46] 姚倩,韦颖.高校创业教育评价实施路径探析:基于66篇文献的定量研究[J].创新

与创业教育，2019（04）．

［47］ 陈宏涛．人才培养视角下高校创新创业教育实施的路径［J］．教育探索，2018，（02）：84-86．

［48］ 杨春梅，金单单．基于实践教学的大学生创新创业能力培养路径研究［J］．广东经济，2024（24）．

［49］ 孙恒．运用智能科技培养大学生创新创业能力［J］．中国就业，2025（01）．

［50］ 高爱香．大学生创新创业能力培养探究［J］．科技经济市场，2023（10）．

［51］ Levine, J. M. and Moreland, R. L. Progress in small group research［J］. Annual Review of Psychology, 2004（01）．

［52］ Bechard J P, Toulouse J M. Validation of a didactic model for the analysis of training objectives in entrepreneurship［J］. Journal of Business Venturing, 1998（04）．

［53］ Conlin Jones, Jack. A contemporary approach toentrepreneurship education［J］. Education and Training, 2004（46）．

［54］ H. H. Stewenson, M, J. Robertts and H. I. Grousbeck, New Business Ventures and the Enterpreneur［M］. Irwin, 1989（06）．

［55］ Etzkowitz H, Leydesdorff L. The Triple Helix of University-Industry-government Relations: a Laboratory for Knowledge-Based Economic Development［J］. EAST Review, 1995（01）．

［56］ Drucker. Performance Templates: An Entrepreneur's Pathway to Employee Training and Development［J］. Journal of Business & Entrepreneurship, 2015（26）．

［57］ Dewey and Durkheim, Duncan; Streeter, Deborah. University-Wide Entrepreneurship Education［J］. Innovative Pathways for University Entrepreneurship in the 21st Century, 2014（08）．

［58］ Bo Carlsson, Pontus Braunerhjelm, et al. The E-Volving Domain of Entrepreneurship Research［J］. Small Business Economics, 2013（04）．

［59］ Jerome A. Katz. The Chronology and Intellectual Trajectory of American Entrepreneurship Education (1876～1999)［J］. ournal of Business Venturing, 2003（18）．

［60］ Roediger Voss, Thorsten Gruberjsabelle Szmigin. "Service quality in higher education: The role of student expectations"［J］. Joumal of Business Research, 2007（60）．

［61］ M. A. S. G. Wijnker, Han Kasteren, van, H. Romijn. Fostering Sustainable Energy Entrepreneurs hipAmong Students: The Business Oriented echnological System Analysis (BOTSA) Program at Eindhoven University of Technology［J］. Sustainability, 2015（07）．

［62］ Boyd D E, Harrison C K, McInerny H. Transitioning from athlete to ent repreneur: An entrepreneurial identity perspective［J］. Journal of Busin ess Research, 2021（136）．

［63］ Boldureanu G, Ionescu A M, Bercu A M, et al. Entrepreneurship education through successful entrepreneurial models in higher education institutions［J］. Sustainability, 2020（03）．

［64］ Bridge S, Hegarty C, Porter Sh. Rediscovering enterprise: developing a ppropriate university,2010(08).

[65] Bodolica V, Spraggon M. Incubating innovation in university settings: building entrepreneurial mindsets in the future generation of innovative emerging market leaders [J]. Education Training, 2021 (10).

[66] Construct and its dimensions. Journal of Management, 2003 (06).

[67] Canziani B F, Welsh D H B. How entrepreneurship influences other disciplines: An examination of learning goals [J]. TheInternational Journal of Management Education, 2021 (01).

[68] Consortium for Entrepreneurship education National Stand-ards of Practice for Entrepreneurship education [EB/OL]. 2019.

[69] Curavic M. Fostering entrepreneurship among young people-the EU perspective. Geneva: UN Conference on Trade and Development proceedings, 2011 (11).

[70] Drucker, Peter Ferdinand. Innovation and entrepreneurship [M]. Harper Collins. 2006 (10).

[71] European Commission. Education, Audiovisual and Culture Executive A gency (EACEA). Developing key competences at school in Europe: challenges and opportunities for policy [R]. Eurydice Report Luxembourg: Publications Office of the European Union, 2012 (12).

[72] Escamilla-Fajardo P, Núñez-Pomar J M, Ratten V, et al. Entrepreneurship and innovation in soccer: Web of science bibliometric analysis [J]. Sustainability, 2020 (11).

[73] Ireland R D, Hitt M A, Sirmon D G A model of strategic entrepreneurship: The construct and its dimensions. Journal of Management, 2003 (06).

[74] Akpan I J, IbidunniAS. Digitization and technological transformation of small business for sustainable development in the less developed and emerging economies: a research note and call for papers [J]. Journal of Small Business & Entrepreneurship, 2021 (07).

[75] 王占仁."广谱式"创新创业教育导论[M].北京：人民出版社，2012.

[76] 高文兵.大学生创业教育的研究[M].上海：复旦大学出版社，2012.

[77] 彼得·德鲁克.创新与企业家精神[M]，蔡文燕译.北京：机械工业出版社，2009.

[78] 克兰·M.卡普兰，安东尼·C.沃尼.创业学[M]，冯建民译.北京：中国人民大学出版社，2009.

[79] 席升阳.我国大学创业教育的观念、理念与实践[M].北京：科学出版社，2008.

[80] 杨晓慧.大学生就业创业教育研究[M].北京：经济科学出版社，2015.

[81] 胡小坤.大学生创业教育研究[M].南宁：广西科学技术出版社，2016.

[82] 梅伟惠.美国高校创业教育[M].杭州：浙江教育出版社，2010.

[83] 杨雪梅，王文亮.创新创业教育论[M].北京：清华大学出版社，2017.

[84] 侯文华.大学生创新创业教育教程[M].北京：科学出版社，2012.

[85] 孙德林.创新创业多样化人才培养模式研究：基于"本科教学工程""专业合改革"视角[M].北京：科学出版社，2013.

[86] 苏凤."新工科"背景下综合性大学工科生创新创业能力提升策略研究[D].南昌大

学，2023. DOI：10.27232/d.cnki.gnchu.2023.002292.

[87] 林珍. 科学人才观视阈下大学生创新创业能力培养研究[D]. 北京邮电大学，2019.

[88] 王慧蕾. 以人的现代化为导向建立大学生创新创业能力培养机制研究[D]. 河北科技大学，2016.

[89] 高山. 师范类院校大学生创新创业能力测评体系构建研究[D]. 云南师范大学，2019.

[90] 陈艳霞. 澳大利亚高校创新创业教育特色研究[D]. 厦门大学，2019.

[91] 曹扬. 转变经济发展方式背景下高校创新创业教育问题研究[D]. 东北师范大学，2014.

[92] 陈宏利. 地方院校创新创业教育与专业教育有机融合的实践研究[D]. 东北师范大学，2018.

[93] 张莘苑. 我国高校创新创业教育问题研究[D]. 天津大学，2016.

[94] 孙媛媛. H校大学生创新创业能力培养研究[D]. 哈尔滨工程大学，2018.

[95] 张羽. 创新创业型大学生社会实践研究[D]. 大理大学，2017.

[96] 丁莉. 大学生创新创业能力现状调查及提升策略[D]. 郑州大学，2021.

[97] 王生龙. 高校创新创业实践教学研究[D]. 北京邮电大学，2018.

[98] 张晓. 建筑类高校创新创业教育现存问题及发展路径研究[D]. 吉林建筑大学，2021.

[99] 欧阳泓杰. 面向创新创业能力培养的高校实践教学体系研究[D]. 华中师范大学，2014.

[100] 韩洪伟. 我国高等体育院校创新创业人才培养体系研究[D]. 上海体育学院，2023.

[101] 盛红梅. 新时代大学生创新创业价值观研究[D]. 东北师范大学，2020.

[102] 夏龙峰. 在昆高校体育教育专业学生创新创业能力培养研究[D]. 云南农业大学，2023.

[103] 张寅雨. 政法类大学生创新创业能力培育研究[D]. 西南政法大学，2019.

[104] 曹扬. 转变经济发展方式背景下高校创新创业教育问题研究[D]. 东北师范大学，2014.

[105] 鲁跃山论淮南地区高校大学生创新创业能力培养路径探析[D]. 安徽理工大学，2019.

[106] 林秋君. 新时代大学生创新创业精神培育与能力提升研究[D]. 重庆交通大学，2018.

[107] 沈雯. 互联网时代高校大学生创新创业能力培养的问题与对策研究[D]. 南昌大学，2017.

附录一：教育部办公厅关于印发《普通本科学校创业教育教学基本要求（试行）》的通知

教高厅〔2012〕4号

各省、自治区、直辖市教育厅（教委），新疆生产建设兵团教育局，有关部门（单位）教育司（局），部属各高等学校：

为深入贯彻落实《国家中长期教育改革和发展规划纲要（2010—2020年）》以及《教育部关于全面提高高等教育质量的若干意见》（教高〔2012〕4号）精神，推动高等学校创业教育科学化、制度化、规范化建设，切实加强普通高等学校创业教育工作，我部制定了《普通本科学校创业教育教学基本要求（试行）》，现印发给你们，请遵照执行。在执行中若有意见建议，请报我部高等教育司。

教育部办公厅
2012年8月1日

普通本科学校创业教育教学基本要求（试行）

在普通高等学校开展创业教育，是服务国家加快转变经济发展方式、建设创新型国家和人力资源强国的战略举措，是深化高等教育教学改革、提高人才培养质量、促进大学生全面发展的重要途径，是落实以创业带动就业、促进高校毕业生充分就业的重要措施。为贯彻落实《国家中长期教育改革和发展规划纲要（2010—2020年）》以及《教育部关于全面提高高等教育质量的若干意见》（教高〔2012〕4号）精神，特制定本要求。各地各高校要按照要求，结合本地本校实际，精心组织开展创业教育教学活动，增强创业教育的针对性和实效性。

一、教学目标

通过创业教育教学，使学生掌握创业的基础知识和基本理论，熟悉创业的基本流程和基本方法，了解创业的法律法规和相关政策，激发学生的创业意识，提高学生的社会责任感、创新精神和创业能力，促进学生创业就业和全面发展。

二、教学原则

（一）面向全体。

把创业教育融入人才培养体系，贯穿人才培养全过程，面向全体学生广泛、系统开展。

（二）注重引导。

着力引导学生正确理解创业与国家经济社会发展的关系，着力引导学生正确理解创业与职业生涯发展的关系，提高学生的社会责任感、创新精神和创业能力。

（三）分类施教。

结合学校办学定位、人才培养规模和办学特色，适应学生发展特别是学生创业需求，分类开展创业教育教学。

（四）结合专业。

建立健全创业教育与专业教育紧密结合的多样化教学体系，在专业教学中更加自觉培养学生勇于创新，善于发现创业机会、敢于进行创业实践的能力。

（五）强化实践。

加大实践教学比重，丰富实践教学内容，改进实践教学方法，激励学生创业实践，增强创业教育教学的开放性、互动性和实效性。

三、教学内容

普通高等学校创业教育教学内容以教授创业知识为基础，以锻炼创业能力为关键，以培养创业精神为核心。

（一）教授创业知识。

通过创业教育教学，使学生掌握开展创业活动所需要的基本知识，包括创业的基本概念、基本原理、基本方法和相关理论，涉及创业者、创业团队、创业机会、创业资源、创业计划、政策法规、新企业开办与管理，以及社会创业的理论和方法。

（二）锻炼创业能力。

通过创业教育教学，系统培养学生整合创业资源、设计创业计划以及创办和管理企业的综合素质，重点培养学生识别创业机会、防范创业风险、适时采取行动的创业能力。

（三）培养创业精神。

通过创业教育教学，培养学生善于思考、敏于发现、敢为人先的创新意识，挑战自我、承受挫折、坚持不懈的意志品质，遵纪守法、诚实守信、善于合作的职业操守，以及创造价值、服务国家、服务人民的社会责任感。

四、教学方法

遵循教育教学规律和人才成长规律，以课堂教学为主渠道，以课外活动、社会实践为重要途径，充分利用现代信息技术，创新教育教学方法，努力提高创业教育教学质量和水平。

（一）课堂教学。

倡导模块化、项目化和参与式教学，强化案例分析、小组讨论、角色扮演、头脑风暴等环节，实现从以知识传授为主向以能力培养为主的转变、从以教师为主向以学生为主的转变、从以讲授灌输为主向以体验参与为主的转变，调动学生学习的积极性、主动性和创造性。

（二）课外活动。

充分整合校内教育资源，组织开展灵活多样的创业讲座、创业训练、创业模拟、创业大赛等活动。积极创造条件，支持学生创办并参加创业协会、创业俱乐部等社团活动。

（三）社会实践。

充分利用校内外资源，依托校企联盟、科技园区、创业园区、创业项目孵化器、大学生校外实践基地和创业基地等，开展学习参观、市场调查、项目设计、成果转化、企业创办等创业实践活动。

五、教学组织

高等学校要把创业教育教学纳入学校改革发展规划，纳入学校人才培养体系，纳入学校教育教学评估指标，建立健全领导体制和工作机制，制订专门教学计划，提供有力教学保障，确保取得实效。

（一）创业课程设置。

高等学校应创造条件，面向全体学生单独开设"创业基础"必修课（《"创业基础"教学大纲（试行）》附后，供参考）。支持有条件的高等学校根据办学定位、人才培养规格和学科专业特点，开发、开设创业教育类选修课程（含实践课程）。把创业教育有机融入专业教育，加强相关专业课程建设。把创业教育与大学生思想政治教育、就业教育和就业指导服务有机衔接。

（二）教学条件保障。

高等学校应明确职能部门，负责研究制定创业教育教学工作的规划和相关制度，统筹协调和组织学校创业教育教学工作。加大创业教育教学工作经费投入，并纳入学校预算，确保开展创业教育教学工作需要。加强创业教育教学实验室、校内外创业实习基地、课程教材等基本建设。

(三)教师队伍建设。

高等学校要根据专任为主、专兼结合的原则,按照学生人数以及实际教学任务,合理核定专任教师编制,配备足够数量和较高质量的专任教师。鼓励支持各专业课教师在专业教育中有机融入创业教育内容。积极聘请企业家、创业人士和专家学者担任兼职教师承担一定的创业教育教学任务。加强培训,提高教师业务水平和教学能力。

(四)教学效果评价。

高等学校要结合学校实际,把创业教育教学效果作为学校本科教学评估的重要内容,作为本科人才培养质量的重要指标,加强自我评估和检查,并体现在学校本科教学质量年度报告中,主动接受社会监督。

附:创业基础"教学大纲(试行)

附：

"创业基础"教学大纲（试行）

课程是对高校学生进行创业教育的主渠道。根据《普通本科学校创业教育教学基本要求（试行）》，现制定"创业基础"教学大纲，供参考使用。

一、课程性质与教学目标

（一）课程性质。

"创业基础"是面向全体高校学生开展创业教育的核心课程，要纳入学校教学计划，不少于32学时、不低于2学分。

（二）教学目标。

通过"创业基础"课程教学，应该在教授创业知识、锻炼创业能力和培养创业精神等方面达到以下目标。

——使学生掌握开展创业活动所需要的基本知识。认知创业的基本内涵和创业活动的特殊性，辨证地认识和分析创业者、创业机会、创业资源、创业计划和创业项目。

——使学生具备必要的创业能力。掌握创业资源整合与创业计划撰写的方法，熟悉新企业的开办流程与管理，提高创办和管理企业的综合素质和能力。

——使学生树立科学的创业观。主动适应国家经济社会发展和人的全面发展需求，正确理解创业与职业生涯发展的关系，自觉遵循创业规律，积极投身创业实践。

二、课程要求与教学方法

"创业基础"是一门理论性、政策性、科学性和实践性很强的课程。要遵循教育教学规律，坚持理论讲授与案例分析相结合、小组讨论与角色体验相结合、经验传授与创业实践相结合，把知识传授、思想碰撞和实践体验有机统一起来，调动学生学习的积极性、主动性和创造性，不断提高教学质量和水平。

——设计真实的学习情境。通过运用模拟软件、现场教学等方式，努力将相关教学过程情境化，使学生更真实地学习知识、了解原理、掌握规律。

——提供完备的支持条件。根据课程教学需要提供基本的教学条件，重点提供创业模拟实验室、模拟教学软件、创业信息资源等。

——拓展有效的实践途径。通过在校内组织开展创业项目设计、创业计划大赛以及创业社团活动，通过在校外组织开展创业者访谈、创业项目考察、企业创办等活动，将课堂知识与创业实践紧密结合起来，培养学生在实践中运用所学知识发现问题和解决实际问题的创业能力。

三、课程内容与教学要点

（一）创业、创业精神与人生发展。

通过本部分教学，使学生了解创业的概念、创业与创业精神的关系、创业与人生发展的关系，以及创业和创业精神在当今时代背景下的意义和价值，正确认识并理性对待创业。

1. 创业与创业精神。

使学生了解创业的概念、要素和类型，认识创业过程的特征，掌握创业与创业精神之间的辩证关系，强化学生对创业精神需要培育并可培育的理性认识。

（1）课程内容。

创业的定义与功能

创业的要素与类型

创业过程与阶段划分

创业精神的本质、来源、作用与培育

（2）教学要点。

创业是不拘泥于当前资源约束，寻求机会，进行价值创造的行为过程。

创业的关键要素包括机会、团队和资源。

创业过程包括创业者从产生创业想法到创建新企业或开创新事业并获取回报，涉及到识别机会、组建团队、寻求融资等活动。可大致划分为机会识别、资源整合、创办新企业、新企业生存和成长四个主要阶段。

创业精神是创业者在创业过程中的重要行为特征的高度凝练，主要表现为勇于创新、敢当风险、团结合作、坚持不懈等。

创业精神将在新时期发挥更大的作用，有利于加快转变经济发展方式，促进经济社会又好又快发展。

2. 知识经济发展与创业。

通过对知识经济发展的分析，使学生了解创业热潮形成的深层次原因，认识经济转型与创业热潮的内在联系，明确创业活动对于经济社会发展的贡献。

（1）课程内容。

经济转型与创业热潮的关系

创业活动的功能属性

知识经济时代赋予创业的重要意义

（2）教学要点。

经济转型是创业热潮兴起的深层次原因。

经济社会发展不同阶段创业活动的特征。

创业具有增加就业、促进创新、创造价值等功能，同时也是解决社会问题的有效途径之一。

3. 创业与职业生涯发展。

使学生了解创业与职业生涯发展的关系，认识创业能力提升对个人职业生涯发展的积极作用。

(1) 课程内容。

广义和狭义的创业概念

创新型人才的素质要求

创业能力对个人职业生涯发展的意义和作用

(2) 教学要点。

创业并不只是开办一家企业。

创业能力具有普遍性与时代适应性。

创业能力对个人职业生涯发展起着积极作用。

(二) 创业者与创业团队。

通过本部分教学，使学生形成对创业者的理性认识，纠正神化创业者的片面认识，了解创业者应具备的基本素质，认识创业团队的重要性，掌握组建和管理创业团队的基本方法。

1. 创业者。

使学生认识创业者的基本素质，了解创业者动机及其对创业的影响，注重识别创业活动的理性因素。

(1) 课程内容。

创业者

创业者素质与能力

创业动机的含义与分类

产生创业动机的驱动因素

(2) 教学要点。

创业者并不是特殊人群。具备一些独特技能和素质有助于成功创业。

大多数创业能力可以通过后天培养而习得。

创业者选择创业的动机受诸多直接和间接因素的影响。

创业者可以通过创业教育培养和提高创业素质和能力。

2. 创业团队。

使学生认识创业团队对创业成功的重要性，学习组建创业团队的思维方式及其对创业活动的影响，掌握管理创业团队的技巧和策略，认识创业团队领袖的角色与作用。

(1) 课程内容。

创业团队及其对创业的重要性

创业团队的优劣势分析

组建创业团队的策略及其后续影响

创业团队的管理技巧和策略

领导创业者的角色与行为策略

创业团队的社会责任

（2）教学要点。

创业团队是团队而不是群体。团队中成员所作的贡献是互补的，而群体中成员之间的工作在很大程度上是互换的。

创业团队是由两个以上具有一定利益关系、共同承担创建新企业责任的人组建形成的工作团队。

与个体创业相比较，团队创业具有多方面的优势，对创业成功起着举足轻重的作用。

依据不同逻辑组建创业团队既可能带来优势，也可能带来障碍，对后续创业活动会带来潜在影响。

创业团队管理的重点是维持团队稳定的前提下发挥团队多样性优势。

创业团队领袖是创业团队的灵魂，是团队力量的协调者和整合者。

（三）创业机会与创业风险。

通过本部分教学，使学生了解创业机会及其识别要素，了解创业风险类型以及如何防范风险，了解由创业机会开发商业模式的过程，掌握商业模式设计策略和技巧。

1. 创业机会识别。

使学生认识创业机会的概念、来源和类型，了解创意与机会之间的联系和区别，了解识别创业机会的一般步骤与影响因素，习得有助于识别创业机会的行为方式。

（1）课程内容。

创意与机会

创业机会与商业机会

创业机会的特征与类型

创业机会的来源

影响机会识别的关键因素

识别创业机会的一般过程

识别创业机会的行为技巧

（2）教学要点。

创意是具有一定创造性的想法或概念，其是否具有商业价值存在不确定性。

创业机会是具有商业价值的创意，表现为特定的组合关系。

创业机会来自于一定的市场需求和变化。

识别创业机会受到历史经验等多种因素的影响。

识别创业机会是思考和探索互动反复，并将创意进行转变的过程。

2. 创业机会评价。

使学生认识有商业潜力和适合自己的创业机会，了解创业机会的评价，掌握创业机会评价的方法。

(1) 课程内容。

有价值创业机会的基本特征

个人与创业机会的匹配

创业机会评价的特殊性

创业机会评价的技巧和策略

(2) 教学要点。

有价值的创业机会具有价值性、时效性等基本特征。

判断创业机会是否适合自己的主要依据在于机会特征与个人特质的匹配。

机会评价有利于应对并化解环境的不确定性。

常规的市场研究方法不一定完全适用于创业机会评价，尤其是原创性创业机会的评价。

3. 创业风险识别。

使学生认识到创业有风险，但也有规避和防范的方法。增强学生对机会风险的理性认识，提高防范风险的能力。

(1) 课程内容。

机会风险的构成与分类

系统风险防范的可能途径

非系统风险防范的可能途径

创业者风险承担能力的估计

基于风险估计的创业收益预测

(2) 教学要点。

有价值的创业机会也是有风险的。

机会风险分为系统风险与非系统风险。系统风险主要是创业环境中的风险，诸如商品市场风险、资本市场风险等；非系统风险是指创业者自身的风险，诸如技术风险、财务风险等。

机会风险中，一些是可以预测的，一些是不可预测的。

创业者需要结合对机会风险的估计，努力防范和降低风险。

4. 商业模式开发。

使学生认识商业模式的本质，了解战略与商业模式之间的关系，掌握商业模式设计和开发的思路，明确开发商业模式的关键影响因素。

(1) 课程内容。

商业模式的定义和本质

商业模式和商业战略的关系
商业模式因果关系链条的分解
设计商业模式的思路和方法
商业模式创新的逻辑与方法
（2）教学要点。
商业模式本质上是若干因素构成的一组赢利逻辑关系的链条。
商业模式是商业战略生成的基础，商业战略是在商业模式基础上的行为选择。
商业模式的价值主张、价值网络和价值实现等要素之间的不同组合方式形成了不同的商业模式。
商业模式设计是创业机会开发环节的一个不断试错、修正和反复的过程。
商业模式设计是分解企业价值链条和价值要素的过程，涉及到要素的新组合关系或新要素的增加。

（四）创业资源。

通过本部分教学，使学生了解创业过程中的资源需求和资源获取方法，特别是创造性整合资源的途径，认识创业资金筹募渠道和风险，掌握创业资源管理的技巧和策略。

1. 创业资源。

使学生了解创业资源的类型，重点认识不同类型创业活动的资源需求差异，掌握创业资源获取的一般途径和方法，明确创业资源获取的技巧和策略。

（1）课程内容。
创业资源的内涵与种类
创业资源与一般商业资源的异同
社会资本、资金、技术及专业人才在创业中的作用
影响创业资源获取的因素
创业资源获取的途径与技能
（2）教学要点。
不同的创业活动具有不同的创业资源需求。
创业资源包括有形资源和无形资源，无形资源往往是撬动有形资源的重要杠杆。
创业资源获取途径包括市场途径和非市场途径。
创业资源获取的关键往往取决于软实力。

2. 创业融资。

使学生了解创业融资难的相关理论，掌握创业所需资金的测算、创业融资的主要渠道及差异，了解创业融资的一般过程。

（1）课程内容。
创业融资分析

创业所需资金的测算

创业融资渠道

创业融资的选择策略

（2）教学要点。

创业融资是创业管理的关键内容，在企业成长的不同阶段具有不同的侧重点和要求。

不确定性和信息不对称是创业融资难的影响因素。

正确测算创业所需资金有利于确定筹资数额，降低资金成本。

创业融资的主要渠道包括自我融资、亲朋好友融资、天使投资、商业银行贷款、担保机构融资和政府创业扶持基金融资等。

创业融资不只是一个技术问题，还是一个社会问题，应从建立个人信用、积累社会资本、写作创业计划、测算不同阶段的资金需求量等方面作好准备。

3. 创业资源管理。

使学生了解创业资源整合和有效使用的方法，认识创业资源开发的技巧和策略。

（1）课程内容。

不同类型资源的开发

有限资源的创造性利用

创业资源开发的推进方法

（2）教学要点。

大多数创业者难以整合到充足的创业所需的资源。

开发创业资源是有效利用创业资源的重要途径。

开发创业资源表现为一些独特的创业行为。

（五）创业计划。

通过本部分教学，使学生认识创业计划的作用，了解创业计划的基本结构、编写过程和所需信息等，掌握创业计划书的撰写方法。

1. 创业计划。

使学生了解创业计划的基本内容及其重要性，认识创业者在创业过程中准备创业计划的原因，了解做好商业计划所需要开展的准备工作。

（1）课程内容。

创业计划的作用

创业计划的内容

创业计划的基本结构

创业计划中的信息搜集

市场调查的内容和方法

（2）教学要点。

创业计划是创业的行动导向和路线图，既为创业者行动提供指导和规划，也为创业者与外界沟通提供基本依据。

创业计划需要阐明新企业在未来要达成的目标,以及如何达成这些目标。创业计划要随着执行的情况而进行调整。

创业计划包括产品(服务)创意、创意价值合理性、顾客与市场、创意开发方案、竞争者分析、资金和资源需求、融资方式和规划以及如何收获回报等内容。

准备创业计划的过程实质上是信息的搜集过程,是分析并预测环境进而化解未来不确定性的过程。

2. 撰写与展示创业计划。

使学生了解撰写创业计划的方法,创业计划展示过程中需要注意的问题,以及创业计划各构成部分的相对重要性。

(1) 课程内容。

研讨创业构想

分析创业可能遇到的问题和困难

凝练创业计划的执行概要

把创业构想变成文字方案

创业计划书的撰写和展示技巧

(2) 教学要点。

创业计划包括封面、目录、执行概要、主体内容和附件等。

撰写商业计划是创业者(团队)反复思考、推理并讨论的过程。

展示创业计划的基本方法。

激情在创业计划展示中发挥重要作用。

(六) 新企业的开办。

通过本部分教学,使学生对企业本质、建立企业流程、新企业成立相关的法律问题和新企业风险管理等有所了解,进而认识到创办企业所必须关注的问题。

1. 成立新企业。

使学生了解注册成立新企业的原因,新企业注册的程序与步骤和新企业选址的影响因素等。认识新企业获得社会认同的必要性和基本方式。

(1) 课程内容。

企业组织形式选择

企业注册流程

企业注册相关文件的编写

注册企业必须考虑的法律与伦理问题

新企业选址策略和技巧

新企业的社会认同

(2) 教学要点。

一家新创企业可以选择的组织形式有多种,主要有:个人独资企业、合伙企业、有限责任公司（包括一人有限责任公司）和股份有限公司。

创业者在创建和经营企业的过程中，必须了解和遵守有关法律法规，以确保自身和他人的利益没有受到非法侵害。与创业有关的法律主要包括专利法、商标法、著作权法、反不正当竞争法、合同法、产品质量法、劳动法等。

创建新企业时应注意伦理问题，包括创业者与原雇主之间、创业团队成员之间、创业者和其他利益相关者之间的伦理问题等。

新企业选址需要综合考虑政治、经济、技术、社会和自然等影响因素。其中经济因素和技术因素对选址决策起基础作用。

企业注册成立后，除遵纪守法外，还需要主动承担社会责任，才能获得社会认同。

2. 新企业生存管理。

使学生了解创办新企业后可能遇到的风险类型及其应对策略，掌握新企业管理的独特性，了解针对新企业的管理重点与行为策略。

（1）课程内容。

新企业管理的特殊性

新企业成长的驱动因素

新企业成长管理的技巧和策略

新企业的风险控制和化解

（2）教学要点。

新企业成立初期应以生存为首要目标，其特征是主要依靠自有资金创造自由现金流，实行充分调动"所有的人做所有的事"的群体管理，以及"创业者亲自深入运作细节"。

新企业成立初期易遭遇资金不足、制度不完善、因人设岗等问题。

企业成长的推动力量包括创业者（团队）、市场和组织资源等。

新企业成长的管理需要注重整合外部资源追求外部成长；管理好保持企业持续成长的人力资本；及时实现从创造资源到管好用好资源的转变；形成比较固定的企业价值观和文化氛围；注重用成长的方式解决成长过程中出现的问题；从过分追求速度转到突出企业的价值增加。

附录二：国务院办公厅关于深化高等学校创新创业教育改革的实施意见

国办发〔2015〕36号

各省、自治区、直辖市人民政府，国务院各部委、各直属机构：

深化高等学校创新创业教育改革，是国家实施创新驱动发展战略、促进经济提质增效升级的迫切需要，是推进高等教育综合改革、促进高校毕业生更高质量创业就业的重要举措。党的十八大对创新创业人才培养作出重要部署，国务院对加强创新创业教育提出明确要求。近年来，高校创新创业教育不断加强，取得了积极进展，对提高高等教育质量、促进学生全面发展、推动毕业生创业就业、服务国家现代化建设发挥了重要作用。但也存在一些不容忽视的突出问题，主要是一些地方和高校重视不够，创新创业教育理念滞后，与专业教育结合不紧，与实践脱节；教师开展创新创业教育的意识和能力欠缺，教学方式方法单一，针对性实效性不强；实践平台短缺，指导帮扶不到位，创新创业教育体系亟待健全。为了进一步推动大众创业、万众创新，经国务院同意，现就深化高校创新创业教育改革提出如下实施意见。

一、总体要求

（一）指导思想。

全面贯彻党的教育方针，落实立德树人的根本任务，坚持创新引领创业、创业带动就业，主动适应经济发展新常态，以推进素质教育为主题，以提高人才培养质量为核心，以创新人才培养机制为重点，以完善条件和政策保障为支撑，促进高等教育与科技、经济、社会紧密结合，加快培养规模宏大、富有创新精神、勇于投身实践的创新创业人才队伍，不断提高高等教育对稳增长促改革调结构惠民生的贡献度，为建设创新型国家、实现"两个一百年"奋斗目标和中华民族伟大复兴的中国梦提供强大的人才智力支撑。

（二）基本原则。

坚持育人为本，提高培养质量。把深化高校创新创业教育改革作为推进高等教育综合改革的突破口，树立先进的创新创业教育理念，面向全体、分类施教、结合专业、强化实践，促进学生全面发展，提升人力资本素质，努力造就大众创业、万众创新的生力军。

坚持问题导向，补齐培养短板。把解决高校创新创业教育存在的突出问题作为深化高校创新创业教育改革的着力点，融入人才培养体系，丰富课程、创新教法、强化师资、改进帮扶，推进教学、科研、实践紧密结合，突破人才培养薄弱环节，增强学生的创新精神、创业意识和创新创业能力。

坚持协同推进，汇聚培养合力。把完善高校创新创业教育体制机制作为深化高校创新创业教育改革的支撑点，集聚创新创业教育要素与资源，统一领导、齐抓共管、开放合作、全员参与，形成全社会关心支持创新创业教育和学生创新创业的良好生态环境。

（三）总体目标。

2015年起全面深化高校创新创业教育改革。2017年取得重要进展，形成科学先进、广泛认同、具有中国特色的创新创业教育理念，形成一批可复制可推广的制度成果，普及创新创业教育，实现新一轮大学生创业引领计划预期目标。到2020年建立健全课堂教学、自主学习、结合实践、指导帮扶、文化引领融为一体的高校创新创业教育体系，人才培养质量显著提升，学生的创新精神、创业意识和创新创业能力明显增强，投身创业实践的学生显著增加。

二、主要任务和措施

（一）完善人才培养质量标准。

制订实施本科专业类教学质量国家标准，修订实施高职高专专业教学标准和博士、硕士学位基本要求，明确本科、高职高专、研究生创新创业教育目标要求，使创新精神、创业意识和创新创业能力成为评价人才培养质量的重要指标。相关部门、科研院所、行业企业要制修订专业人才评价标准，细化创新创业素质能力要求。不同层次、类型、区域高校要结合办学定位、服务面向和创新创业教育目标要求，制订专业教学质量标准，修订人才培养方案。

（二）创新人才培养机制。

实施高校毕业生就业和重点产业人才供需年度报告制度，完善学科专业预警、退出管理办法，探索建立需求导向的学科专业结构和创业就业导向的人才培养类型结构调整新机制，促进人才培养与经济社会发展、创业就业需求紧密对接。深入实施系列"卓越计划"、科教结合协同育人行动计划等，多形式举办创新创业教育实验班，探索建立校校、校企、校地、校所以及国际合作的协同育人新机制，积极吸引社会资源和国外优质教育资源投入创新创业人才培养。高校要打通一级学科或专业类下相近学科专业的基础课程，开设跨学科专业的交叉课程，探索建立跨院系、跨学科、跨专业交叉培养创新创业人才的新机制，促进人才培养由学科专业单一型向多学科融合型转变。

（三）健全创新创业教育课程体系。

各高校要根据人才培养定位和创新创业教育目标要求，促进专业教育与创新创业教育有机融合，调整专业课程设置，挖掘和充实各类专业课程的创新创业教育资源，在传授专业知识过程中加强创新创业教育。面向全体学生开发开设研究方法、学科前沿、创业基础、就业创业指导等方面的必修课和选修课，纳入学分管理，建设依次递进、有机衔接、科学合理的创新创业教育专门课程群。各地区、各高校要加快创新创业教育优质课程信息化建设，推出一批资源共享的慕课、视频公开课等在线开放课程。建立在线开放课程学习认证和学分认定制度。组织学科带头人、行业企业优秀人才，联合编写具有科学性、先进性、适用性的创新创业教育重点教材。

（四）改革教学方法和考核方式。

各高校要广泛开展启发式、讨论式、参与式教学，扩大小班化教学覆盖面，推动教师把国际前沿学术发展、最新研究成果和实践经验融入课堂教学，注重培养学生的批判性和创造性思维，激发创新创业灵感。运用大数据技术，掌握不同学生学习需求和规律，为学生自主学习提供更加丰富多样的教育资源。改革考试考核内容和方式，注重考查学生运用知识分析、解决问题的能力，探索非标准答案考试，破除"高分低能"积弊。

（五）强化创新创业实践。

各高校要加强专业实验室、虚拟仿真实验室、创业实验室和训练中心建设，促进实验教学平台共享。各地区、各高校科技创新资源原则上向全体在校学生开放，开放情况纳入各类研究基地、重点实验室、科技园评估标准。鼓励各地区、各高校充分利用各种资源建设大学科技园、大学生创业园、创业孵化基地和小微企业创业基地，作为创业教育实践平台，建好一批大学生校外实践教育基地、创业示范基地、科技创业实习基地和职业院校实训基地。完善国家、地方、高校三级创新创业实训教学体系，深入实施大学生创新创业训练计划，扩大覆盖面，促进项目落地转化。举办全国大学生创新创业大赛，办好全国职业院校技能大赛，支持举办各类科技创新、创意设计、创业计划等专题竞赛。支持高校学生成立创新创业协会、创业俱乐部等社团，举办创新创业讲座论坛，开展创新创业实践。

（六）改革教学和学籍管理制度。

各高校要设置合理的创新创业学分，建立创新创业学分积累与转换制度，探索将学生开展创新实验、发表论文、获得专利和自主创业等情况折算为学分，将学生参与课题研究、项目实验等活动认定为课堂学习。为有意愿有潜质的学生制定创新创业能力培养计划，建立创新创业档案和成绩单，客观记录并量化评价学生开展创新创业活动情况。优先支持参与创新创业的学生转入相关专业学习。实施弹性学制，放宽学生修业年限，允许调整学业进程、保留学籍休学创新创业。设立创新创业奖学金，并在现有相关评优评先项目中拿出一定比例用于表彰优秀创新创业的学生。

（七）加强教师创新创业教育教学能力建设。

各地区、各高校要明确全体教师创新创业教育责任，完善专业技术职务评聘和绩效考核标准，加强创新创业教育的考核评价。配齐配强创新创业教育与创业就业指导专职教师队伍，并建立定期考核、淘汰制度。聘请知名科学家、创业成功者、企业家、风险投资人等各行各业优秀人才，担任专业课、创新创业课授课或指导教师，并制定兼职教师管理规范，形成全国万名优秀创新创业导师人才库。将提高高校教师创新创业教育的意识和能力作为岗前培训、课程轮训、骨干研修的重要内容，建立相关专业教师、创新创业教育专职教师到行业企业挂职锻炼制度。加快完善高校科技成果处置和收益分配机制，支持教师以对外转让、合作转化、作价入股、自主创业等形式将科技成果产业化，并鼓励带领学生创新创业。

（八）改进学生创业指导服务。

各地区、各高校要建立健全学生创业指导服务专门机构，做到"机构、人员、场地、经费"四到位，对自主创业学生实行持续帮扶、全程指导、一站式服务。健全持续化信息服务制度，完善全国大学生创业服务网功能，建立地方、高校两级信息服务平台，为学生实时提供国家政策、市场动向等信息，并做好创业项目对接、知识产权交易等服务。各地区、各有关部门要积极落实高校学生创业培训政策，研发适合学生特点的创业培训课程，建设网络培训平台。鼓励高校自主编制专项培训计划，或与有条件的教育培训机构、行业协会、群团组织、企业联合开发创业培训项目。各地区和具备条件的行业协会要针对区域需求、行业发展，发布创业项目指南，引导高校学生识别创业机会、捕捉创业商机。

（九）完善创新创业资金支持和政策保障体系。

各地区、各有关部门要整合发展财政和社会资金，支持高校学生创新创业活动。各高校要优化经费支出结构，多渠道统筹安排资金，支持创新创业教育教学，资助学生创新创业项目。部委属高校应按规定使用中央高校基本科研业务费，积极支持品学兼优且具有较强科研潜质的在校学生开展创新科研工作。中国教育发展基金会设立大学生创新创业教育奖励基金，用于奖励对创新创业教育做出贡献的单位。鼓励社会组织、公益团体、企事业单位和个人设立大学生创业风险基金，以多种形式向自主创业大学生提供资金支持，提高扶持资金使用效益。深入实施新一轮大学生创业引领计划，落实各项扶持政策和服务措施，重点支持大学生到新兴产业创业。有关部门要加快制定有利于互联网创业的扶持政策。

三、加强组织领导

（一）健全体制机制。

各地区、各高校要把深化高校创新创业教育改革作为"培养什么人，怎样培养人"的重要任务摆在突出位置,加强指导管理与监督评价,统筹推进本地本校创新创业教育工作。各地区要成立创新创业教育专家指导委员会,开展高校创新创业教育的研究、咨询、指导和服务。各高校要落实创新创业教育主体责任,把创新创业教育纳入改革发展重要议事日程,成立由校长任组长、分管校领导任副组长、有关部门负责人参加的创新创业教育工作领导小组,建立教务部门牵头,学生工作、团委等部门齐抓共管的创新创业教育工作机制。

(二)细化实施方案。

各地区、各高校要结合实际制定深化本地本校创新创业教育改革的实施方案,明确责任分工。教育部属高校需将实施方案报教育部备案,其他高校需报学校所在地省级教育部门和主管部门备案,备案后向社会公布。

(三)强化督导落实。

教育部门要把创新创业教育质量作为衡量办学水平、考核领导班子的重要指标,纳入高校教育教学评估指标体系和学科评估指标体系,引入第三方评估。把创新创业教育相关情况列入本科、高职高专、研究生教学质量年度报告和毕业生就业质量年度报告重点内容,接受社会监督。

(四)加强宣传引导。

各地区、各有关部门以及各高校要大力宣传加强高校创新创业教育的必要性、紧迫性、重要性,使创新创业成为管理者办学、教师教学、学生求学的理性认知与行动自觉。及时总结推广各地各高校的好经验好做法,选树学生创新创业成功典型,丰富宣传形式,培育创客文化,努力营造敢为人先、敢冒风险、宽容失败的氛围环境。

国务院办公厅
2015 年 5 月 4 日

附录三：教育部办公厅《关于公布国家级创新创业学院、国家级创新创业教育实践基地建设名单的通知》

（教高厅函〔2022〕22号）

各省、自治区、直辖市教育厅（教委），新疆生产建设兵团教育局，有关部门（单位）教育司（局），部属各高等学校，部省合建各高等学校：

为贯彻落实《国务院办公厅关于深化高等学校创新创业教育改革的实施意见》（国办发〔2015〕36号）和《国务院办公厅关于进一步支持大学生创新创业的指导意见》（国办发〔2021〕35号）精神，根据《教育部办公厅关于开展国家级创新创业学院、国家级创新创业教育实践基地建设工作的通知》（教高厅函〔2022〕15号）要求，在省级教育行政部门规划、高校自主申报、省级教育行政部门公示推荐、教育部审核的基础上，认定北京大学等100所高校为国家级创新创业学院（以下简称双创学院）建设单位，认定清华大学等100所高校为国家级创新创业教育实践基地（以下简称实践基地）建设单位，现将名单予以公布。

请各地各高校以双创学院、实践基地建设为抓手，持续深化创新创业教育改革，引领带动省城内高校创新创业能力培养教育质量的整体提升。请各省级教育行政部门定期调度本省双创学院、实践基地建设进展和任务完成情况，加强对"中央专项彩票公益金大学生创新创业教育项目"资金的绩效考核并强化考核结果运用，不断提升资金资源配置效率和使用效益，推动双创学院、实践基地建设取得实效。

附件：
1. 国家级创新创业学院建设单位名单（分送）
2. 国家级创新创业教育实践基地建设单位名单（分送）

教育部办公厅
2022年8月31日

附录三：教育部办公厅《关于公布国家级创新创业学院、国家级创新创业教育实践基地建设名单的通知》

国家级创新创业学院建设单位（100家）

序号	单位	类型	年度
1	北京大学	国家级创新创业学院	2022
2	北京工业大学	国家级创新创业学院	2022
3	北京航空航天大学	国家级创新创业学院	2022
4	北京理工大学	国家级创新创业学院	2022
5	北京科技大学	国家级创新创业学院	2022
6	北京邮电大学	国家级创新创业学院	2022
7	南开大学	国家级创新创业学院	2022
8	天津大学	国家级创新创业学院	2022
9	河北大学	国家级创新创业学院	2022
10	河北农业大学	国家级创新创业学院	2022
11	燕山大学	国家级创新创业学院	2022
12	太原理工大学	国家级创新创业学院	2022
13	山西医科大学	国家级创新创业学院	2022
14	内蒙古大学	国家级创新创业学院	2022
15	内蒙古师范大学	国家级创新创业学院	2022
16	辽宁大学	国家级创新创业学院	2022
17	大连理工大学	国家级创新创业学院	2022
18	东北大学	国家级创新创业学院	2022
19	吉林大学	国家级创新创业学院	2022
20	吉林动画学院	国家级创新创业学院	2022
21	黑龙江大学	国家级创新创业学院	2022
22	哈尔滨工业大学	国家级创新创业学院	2022
23	复旦大学	国家级创新创业学院	2022
24	同济大学	国家级创新创业学院	2022
25	上海交通大学	国家级创新创业学院	2022
26	华东师范大学	国家级创新创业学院	2022
27	上海财经大学	国家级创新创业学院	2022
28	南京大学	国家级创新创业学院	2022
29	南京航空航天大学	国家级创新创业学院	2022
30	南京理工大学	国家级创新创业学院	2022
31	南京工业大学	国家级创新创业学院	2022
32	常州大学	国家级创新创业学院	2022
33	南京邮电大学	国家级创新创业学院	2022

续表

序号	单位	类型	年度
34	南京林业大学	国家级创新创业学院	2022
35	南京工业职业技术大学	国家级创新创业学院	2022
36	浙江大学	国家级创新创业学院	2022
37	浙江工业大学	国家级创新创业学院	2022
38	温州大学	国家级创新创业学院	2022
39	宁波职业技术学院	国家级创新创业学院	2022
40	金华职业技术学院	国家级创新创业学院	2022
41	安徽大学	国家级创新创业学院	2022
42	中国科学技术大学	国家级创新创业学院	2022
43	合肥工业大学	国家级创新创业学院	2022
44	福州大学	国家级创新创业学院	2022
45	福建农林大学	国家级创新创业学院	2022
46	三明学院	国家级创新创业学院	2022
47	福建信息职业技术学院	国家级创新创业学院	2022
48	南昌大学	国家级创新创业学院	2022
49	华东交通大学	国家级创新创业学院	2022
50	江西师范大学	国家级创新创业学院	2022
51	江西科技师范大学	国家级创新创业学院	2022
52	山东大学	国家级创新创业学院	2022
53	山东财经大学	国家级创新创业学院	2022
54	山东商业职业技术学院	国家级创新创业学院	2022
55	青岛大学	国家级创新创业学院	2022
56	河南科技大学	国家级创新创业学院	2022
57	黄河科技学院	国家级创新创业学院	2022
58	黄河水利职业技术学院	国家级创新创业学院	2022
59	武汉大学	国家级创新创业学院	2022
60	华中科技大学	国家级创新创业学院	2022
61	武汉理工大学	国家级创新创业学院	2022
62	湖北工业大学	国家级创新创业学院	2022
63	湖北大学	国家级创新创业学院	2022
64	三峡大学	国家级创新创业学院	2022
65	湘潭大学	国家级创新创业学院	2022
66	湖南大学	国家级创新创业学院	2022

附录三：教育部办公厅《关于公布国家级创新创业学院、国家级创新创业教育实践基地建设名单的通知》

续表

序号	单位	类型	年度
67	中南大学	国家级创新创业学院	2022
68	华南农业大学	国家级创新创业学院	2022
69	华南师范大学	国家级创新创业学院	2022
70	广东轻工职业技术学院	国家级创新创业学院	2022
71	广州大学	国家级创新创业学院	2022
72	深圳职业技术学院	国家级创新创业学院	2022
73	珠海科技学院	国家级创新创业学院	2022
74	广西师范大学	国家级创新创业学院	2022
75	南宁师范大学	国家级创新创业学院	2022
76	广西财经学院	国家级创新创业学院	2022
77	海南大学	国家级创新创业学院	2022
78	西南大学	国家级创新创业学院	2022
79	重庆文理学院	国家级创新创业学院	2022
80	四川大学	国家级创新创业学院	2022
81	西南交通大学	国家级创新创业学院	2022
82	电子科技大学	国家级创新创业学院	2022
83	西南石油大学	国家级创新创业学院	2022
84	攀枝花学院	国家级创新创业学院	2022
85	贵州师范大学	国家级创新创业学院	2022
86	贵州理工学院	国家级创新创业学院	2022
87	云南大学	国家级创新创业学院	2022
88	昆明理工大学	国家级创新创业学院	2022
89	西藏职业技术学院	国家级创新创业学院	2022
90	西安交通大学	国家级创新创业学院	2022
91	西安电子科技大学	国家级创新创业学院	2022
92	西安建筑科技大学	国家级创新创业学院	2022
93	陕西科技大学	国家级创新创业学院	2022
94	西北农林科技大学	国家级创新创业学院	2022
95	兰州理工大学	国家级创新创业学院	2022
96	兰州财经大学	国家级创新创业学院	2022
97	青海师范大学	国家级创新创业学院	2022
98	宁夏大学	国家级创新创业学院	2022
99	新疆大学	国家级创新创业学院	2022
100	塔里木大学	国家级创新创业学院	2022

国家级创新创业教育实践基地建设单位（100家）

序号	单位	类型	年度
1	清华大学	国家级创新创业能力培养教育实践基地	2022
2	北京交通大学	国家级创新创业能力培养教育实践基地	2022
3	北京建筑大学	国家级创新创业能力培养教育实践基地	2022
4	华北电力大学	国家级创新创业能力培养教育实践基地	2022
5	北京信息科技大学	国家级创新创业能力培养教育实践基地	2022
6	天津工业大学	国家级创新创业能力培养教育实践基地	2022
7	天津商业大学	国家级创新创业能力培养教育实践基地	2022
8	河北工业大学	国家级创新创业能力培养教育实践基地	2022
9	河北化工医药职业技术学院	国家级创新创业能力培养教育实践基地	2022
10	山西大学	国家级创新创业能力培养教育实践基地	2022
11	中北大学	国家级创新创业能力培养教育实践基地	2022
12	内蒙古科技大学	国家级创新创业能力培养教育实践基地	2022
13	内蒙古电子信息职业技术学院	国家级创新创业能力培养教育实践基地	2022
14	沈阳工业大学	国家级创新创业能力培养教育实践基地	2022
15	大连海事大学	国家级创新创业能力培养教育实践基地	2022
16	辽宁装备制造职业技术学院	国家级创新创业能力培养教育实践基地	2022
17	吉林农业大学	国家级创新创业能力培养教育实践基地	2022
18	东北师范大学	国家级创新创业能力培养教育实践基地	2022
19	哈尔滨工程大学	国家级创新创业能力培养教育实践基地	2022
20	东北农业大学	国家级创新创业能力培养教育实践基地	2022
21	华东理工大学	国家级创新创业能力培养教育实践基地	2022
22	上海理工大学	国家级创新创业能力培养教育实践基地	2022
23	上海大学	国家级创新创业能力培养教育实践基地	2022
24	东南大学	国家级创新创业能力培养教育实践基地	2022
25	江苏科技大学	国家级创新创业能力培养教育实践基地	2022
26	江南大学	国家级创新创业能力培养教育实践基地	2022
27	南通大学	国家级创新创业能力培养教育实践基地	2022
28	南京农业大学	国家级创新创业能力培养教育实践基地	2022
29	扬州工业职业技术学院	国家级创新创业能力培养教育实践基地	2022
30	浙江大学	国家级创新创业能力培养教育实践基地	2022
31	浙江理工大学	国家级创新创业能力培养教育实践基地	2022
32	温州医科大学	国家级创新创业能力培养教育实践基地	2022
33	中国美术学院	国家级创新创业能力培养教育实践基地	2022

附录三：教育部办公厅《关于公布国家级创新创业学院、国家级创新创业教育实践基地建设名单的通知》

续表

序号	单位	类型	年度
34	宁波大学	国家级创新创业能力培养教育实践基地	2022
35	浙江工贸职业技术学院	国家级创新创业能力培养教育实践基地	2022
36	义乌工商职业技术学院	国家级创新创业能力培养教育实践基地	2022
37	安徽工程大学	国家级创新创业能力培养教育实践基地	2022
38	合肥学院	国家级创新创业能力培养教育实践基地	2022
39	芜湖职业技术学院	国家级创新创业能力培养教育实践基地	2022
40	厦门大学	国家级创新创业能力培养教育实践基地	2022
41	福建工程学院	国家级创新创业能力培养教育实践基地	2022
42	集美大学	国家级创新创业能力培养教育实践基地	2022
43	武夷学院	国家级创新创业能力培养教育实践基地	2022
44	景德镇陶瓷大学	国家级创新创业能力培养教育实践基地	2022
45	江西中医药大学	国家级创新创业能力培养教育实践基地	2022
46	宜春学院	国家级创新创业能力培养教育实践基地	2022
47	江西财经大学	国家级创新创业能力培养教育实践基地	2022
48	江西环境工程职业学院	国家级创新创业能力培养教育实践基地	2022
49	江西外语外贸职业学院	国家级创新创业能力培养教育实践基地	2022
50	中国石油大学	国家级创新创业能力培养教育实践基地	2022
51	青岛理工大学	国家级创新创业能力培养教育实践基地	2022
52	山东农业大学	国家级创新创业能力培养教育实践基地	2022
53	山东师范大学	国家级创新创业能力培养教育实践基地	2022
54	潍坊职业学院	国家级创新创业能力培养教育实践基地	2022
55	济南工程职业技术学院	国家级创新创业能力培养教育实践基地	2022
56	河南理工大学	国家级创新创业能力培养教育实践基地	2022
57	郑州轻工业大学	国家级创新创业能力培养教育实践基地	2022
58	河南职业技术学院	国家级创新创业能力培养教育实践基地	2022
59	平顶山学院	国家级创新创业能力培养教育实践基地	2022
60	河南工业职业技术学院	国家级创新创业能力培养教育实践基地	2022
61	长江大学	国家级创新创业能力培养教育实践基地	2022
62	华中农业大学	国家级创新创业能力培养教育实践基地	2022
63	中南民族大学	国家级创新创业能力培养教育实践基地	2022
64	湖北理工学院	国家级创新创业能力培养教育实践基地	2022
65	湖南科技大学	国家级创新创业能力培养教育实践基地	2022
66	湖南机电职业技术学院	国家级创新创业能力培养教育实践基地	2022

续表

序号	单位	类型	年度
67	湖南工艺美术职业学院	国家级创新创业能力培养教育实践基地	2022
68	华南理工大学	国家级创新创业能力培养教育实践基地	2022
69	广东工业大学	国家级创新创业能力培养教育实践基地	2022
70	广东外语外贸大学	国家级创新创业能力培养教育实践基地	2022
71	广州番禺职业技术学院	国家级创新创业能力培养教育实践基地	2022
72	广州软件学院	国家级创新创业能力培养教育实践基地	2022
73	广东职业技术学院	国家级创新创业能力培养教育实践基地	2022
74	广西大学	国家级创新创业能力培养教育实践基地	2022
75	桂林电子科技大学	国家级创新创业能力培养教育实践基地	2022
76	桂林理工大学	国家级创新创业能力培养教育实践基地	2022
77	海南师范大学	国家级创新创业能力培养教育实践基地	2022
78	重庆大学	国家级创新创业能力培养教育实践基地	2022
79	四川美术学院	国家级创新创业能力培养教育实践基地	2022
80	四川大学	国家级创新创业能力培养教育实践基地	2022
81	成都理工大学	国家级创新创业能力培养教育实践基地	2022
82	四川农业大学	国家级创新创业能力培养教育实践基地	2022
83	成都中医药大学	国家级创新创业能力培养教育实践基地	2022
84	成都职业技术学院	国家级创新创业能力培养教育实践基地	2022
85	贵州大学	国家级创新创业能力培养教育实践基地	2022
86	贵州医科大学	国家级创新创业能力培养教育实践基地	2022
87	云南农业大学	国家级创新创业能力培养教育实践基地	2022
88	云南大学滇池学院	国家级创新创业能力培养教育实践基地	2022
89	西藏民族大学	国家级创新创业能力培养教育实践基地	2022
90	西北大学	国家级创新创业能力培养教育实践基地	2022
91	西北工业大学	国家级创新创业能力培养教育实践基地	2022
92	西安理工大学	国家级创新创业能力培养教育实践基地	2022
93	长安大学	国家级创新创业能力培养教育实践基地	2022
94	杨凌职业技术学院	国家级创新创业能力培养教育实践基地	2022
95	兰州交通大学	国家级创新创业能力培养教育实践基地	2022
96	西北师范大学	国家级创新创业能力培养教育实践基地	2022
97	青海大学	国家级创新创业能力培养教育实践基地	2022
98	宁夏大学	国家级创新创业能力培养教育实践基地	2022
99	石河子大学	国家级创新创业能力培养教育实践基地	2022
100	新疆财经大学	国家级创新创业能力培养教育实践基地	2022

后 记

本书为安徽省高校哲学社会科学重点项目（项目编号：2023AH050154）、安徽建筑大学—华建集团上海建筑设计研究院有限公司实践教育基地项目（项目编号：2022xqhz02）、安徽建筑大学大学生职业生涯规划与就业指导项目（项目编号：AJDJYZD-202305）的研究成果。本书一共八章，安徽建筑大学建筑与规划学院张为副教授撰写了第一章绪论、第三章建筑类最具代表性的高校、第五章建筑类高校大学生创新创业能力培养现状调查及问题分析、第八章建筑类高校大学生创新创业能力培养路径构建的内容；安徽建筑大学经济与管理学院宁宁副教授撰写了第二章建筑类高校大学生创新创业能力培养的相关概述和理论基础、第四章建筑类高校大学生创业新机遇与创新创业能力培养新要求、第六章建筑类高校大学生创新创业能力培养存在问题的原因分析、第七章发达国家高等院校创新创业能力培养经验启示的内容。在本书的出版过程中，中国建设科技出版社的编辑提出了许多宝贵的意见，给予了大力支持。在此表示衷心的感谢！

著　者
2025 年 2 月